Nayera Elmorsi Hassan
Sahar A El-Masry
Omar Hosni Dwidar

Âmbito da Obesidade Central

AF670024

Nayera Elmorsi Hassan
Sahar A El-Masry
Omar Hosni Dwidar

Âmbito da Obesidade Central

ScienciaScripts

Imprint

Cover image: www.ingimage.com

This book is a translation from the original published under ISBN 978-620-2-02825-7.

Publisher:
Sciencia Scripts
is a trademark of
Dodo Books Indian Ocean Ltd. and OmniScriptum S.R.L publishing group

120 High Road, East Finchley, London, N2 9ED, United Kingdom
Str. Armeneasca 28/1, office 1, Chisinau MD-2012, Republic of Moldova, Europe
Printed at: see last page
ISBN: 978-620-8-11979-9

Âmbito da Obesidade Central

Nayera Elmorsi Hassan
Sahar A. El-Masry
Omar Hosni Dwidar
Departamento de Antropologia Biológica
Divisão de Investigação Médica
Centro Nacional de Investigação
Giza, Egito
2017

ÍNDICE

INTRODUÇÃO

A obesidade é atualmente um grave problema universal para a saúde pública. O Grupo de Trabalho Internacional para a Obesidade declarou que cerca de 155 milhões de crianças em idade escolar são obesas ou têm excesso de peso em todo o mundo ***(IOT, 2010)***. O Egito, os Emirados Árabes Unidos, a Arábia Saudita, o Kuwait, a Jordânia e o Barém apresentam os níveis mais elevados de obesidade e excesso de peso na região, com uma prevalência nestes países que varia entre 69% e 77% nos homens e 74% e 86% nas mulheres. As provas que ligam a obesidade na adolescência e na infância a um risco acrescido de morbilidade e obesidade na idade adulta são particularmente preocupantes, dado o aumento dos níveis de obesidade e de excesso de peso entre os adolescentes e as crianças ***(OMS, 2009)***. Assim, a prevenção e a redução da obesidade infantil, em particular nos pré-adolescentes, tem suscitado uma atenção mundial.

A prevalência atual da obesidade e do excesso de peso tem implicações significativas para a mortalidade e morbilidade da população, porque ambos estão associados a uma série de doenças crónicas, incluindo a diabetes tipo 2 e as doenças cardiovasculares ***(OMS, 2009)***. Os dados de diferentes estudos estão particularmente preocupados com o aumento da prevalência da obesidade infantil. Os resultados destes estudos podem prever as taxas de obesidade e de excesso de peso na idade adulta no futuro, uma vez que a adiposidade tem demonstrado ser uma tendência desde a infância até à idade adulta ***(Bundred et al., 2001; Chinn e Rona, 2001; Singh et al., 2008; Street et al., 2015)***.

A preocupação com as tendências da obesidade infantil está a aumentar devido ao pressuposto da associação entre o início precoce e a duração mais longa da obesidade e um maior risco cardiovascular ***(Kuczmarski et al., 2000; Ogden et al., 2008)***.

A obesidade e o excesso de peso são melhor definidos como uma acumulação de gordura anormal ou excessiva que pode ser prejudicial para o estado de saúde geral. Um dos índices mais simples e mais frequentemente utilizados para determinar o peso em relação à altura em adultos é o índice de massa corporal (IMC). A classificação inclui as categorias de baixo peso, excesso de peso e obesidade ***(OMS, 2008)***.

A definição de obesidade e excesso de peso para adolescentes e crianças utiliza normogramas específicos para a idade e o sexo para o índice de massa corporal (IMC). Os índices antropométricos são preditivos da obesidade central e incluem índices como a circunferência da cintura, o rácio cintura-quadril e o rácio cintura-altura, entre outros ***(Donohoue, 2004)***. A obesidade central tem sido associada ao risco de doenças metabólicas e cardiovasculares nas crianças.

Os filhos de pais obesos correm um maior risco de serem eles próprios obesos ***(Guillame et al., 1995; Nielsen et al., 2015)***. Este padrão é evidente mesmo quando as crianças são criadas longe dos seus pais biológicos, sugerindo uma contribuição genética na adiposidade ***(Sorenson et al., 1992; Petersen et al., 2016)***. Quando o indivíduo é exposto a um ambiente específico, a predisposição genética para o ganho de gordura é expressa ***(Bouchard e Perusse, 1988)***. É de grande importância investigar possíveis fatores ambientais que podem atuar em conjunto com fatores genéticos para produzir aumentos na prevalência de obesidade entre crianças ***(Hill e Peters, 1998; Ochoa e Berge, 2016)***.

Nas últimas duas décadas, verificou-se um aumento dramático dos custos dos cuidados de saúde devido à obesidade e a problemas relacionados entre adolescentes e crianças, uma vez que a obesidade é um fator de risco independente para doenças crónicas, como as cardiovasculares. A obesidade está associada a uma redução da esperança de vida, bem como a um aumento do risco de morbilidade e mortalidade ***(Spieker e Pyzocha, 2016).***

CAPÍTULO 1
EPIDEMIOLOGIA DA OBESIDADE INFANTIL

• Definição

A obesidade é definida como um estado de excesso de gordura corporal ou de tecido adiposo que resulta da acumulação de energia em excesso, uma vez que ocorre quando a ingestão de energia ultrapassa cronicamente o gasto de energia e é concomitante com um grande número de doenças debilitantes e potencialmente fatais ***(Hassan et al., 2016).***

Como consequência de numerosos factores ambientais, comportamentais e genéticos, a obesidade humana surge como o clássico "fenótipo multifacetado" ***(Adane et al., 2016)***. O peso adicional de uma criança pode ser causado, em geral, pela ausência de atividade muscular, por hábitos alimentares pouco saudáveis ou por uma mistura de ambos. Existe um aspeto genético poligénico que sublinha sobretudo a obesidade na população em geral.

Há um acordo crescente para usar o termo *obesidade* para definir crianças cujo Índice de Massa Corporal (IMC) é superior ao percentil 95th e *sobrepeso* para descrever crianças cujo IMC está entre os percentis 85th e 95th para idade e sexo para especificar mais claramente o risco de ter um IMC superior ao percentil 95th para idade e sexo em termos de co-morbidades relacionadas à obesidade ***(Coles et al., 2016)***.

A obesidade infantil é uma preocupação específica devido a inúmeras causas. O excesso de peso na infância aumenta o risco de excesso de peso na idade adulta e, com ele, o risco de início precoce de doenças crónicas relacionadas com a obesidade. As crianças com excesso de peso podem ser portadoras de sinais precoces de doenças de longa duração sem se aperceberem do problema, agravando o resultado esperado da doença. Podem igualmente sofrer problemas psicossociais devido à obesidade, incluindo baixa auto-confiança e menor interação social ***(Godfrey et al., 2017)***.

• Prevalência da obesidade infantil

Um dos distúrbios nutricionais mais comuns que surgem entre crianças e adolescentes em todo o mundo, em países desenvolvidos ou mesmo em desenvolvimento, é a obesidade ***(Singhal et al., 2007; Vats et al., 2016)***. De acordo com os inquéritos realizados na União Europeia, a elevação da prevalência de excesso de peso por ano (incluindo a obesidade) aumentou de menos de 0,5 por cento na década de 1980 para mais de 1,0 por cento no final da década de 1990 ***(Jackson-Leach e Lobsein, 2006)***.

Nos Estados Unidos, a obesidade nas crianças aumentou significativamente para cerca de 10% nas idades compreendidas entre os 4 e os 5 anos, o que se verificou principalmente nas classificações de maior excesso de peso e em comunidades específicas, como as crianças afro-americanas e mexicano-americanas, que registam mais de 20% de excesso de peso ***(Berman, 2007; Tandon et al., 2016).***

Apesar de a prevalência do excesso de adiposidade nas crianças ter sido descrita pela primeira vez há quase duas décadas, a obesidade infantil continua a aumentar a um ritmo preocupante ***(Connaughton et al., 2016)***.

Tendências internacionais

A obesidade representa uma das preocupações mais importantes em matéria de saúde pública e o excesso de peso é considerado o sexto fator de risco mais importante que afecta toda a carga de doenças a nível mundial; atualmente, milhões de crianças são classificadas como tendo excesso de peso ou sendo obesas (cerca de 110 milhões) ***(Nielsen et al., 2015)***.

Há uma tendência crescente para a obesidade entre as crianças dos países em desenvolvimento, devido a alterações nutricionais imediatas. Apesar de problemas como o baixo peso e o crescimento deficiente, que eram anteriormente os principais problemas de saúde das crianças nos países em desenvolvimento, o excesso de peso e a obesidade estão agora a tornar-se consideravelmente comuns em resultado de um ambiente caracterizado pela disponibilidade de alimentos baratos e altamente calóricos, associados a uma baixa atividade ***(Abdullah, 2015)***.

Wang e Lobstein, 2006, avaliaram as tendências globais da obesidade infantil em 25 países para a categoria de idade escolar e em 42 países para a categoria de idade pré-escolar. Detectaram que a frequência do excesso de peso infantil aumentou em quase todos os países com registos disponíveis, e a obesidade e o excesso de peso aumentaram ainda mais nas comunidades economicamente desenvolvidas e urbanizadas.

Regionalmente no Egito:

Salazar-Martinez et al., 2006, concluíram no seu estudo que 12,1% dos adolescentes egípcios (7% rapazes e 18% raparigas) tinham excesso de peso e 6,2% das crianças egípcias (6% rapazes e 8% raparigas) eram obesas.

Num estudo realizado com adolescentes do sexo feminino, o excesso de peso estava mais presente nas zonas urbanas do que nas rurais e era mais predominante nas raparigas com um nível socioeconómico mais elevado do que nas raparigas com um nível socioeconómico mais baixo; 35% das raparigas tinham excesso de peso e 13% eram obesas ***(Jackson et al., 2003)***.

Entre as crianças egípcias com idades compreendidas entre os 8 e os 12 anos, a presença de alunos com excesso de peso e obesidade era de 12,3% e 15,1%, respetivamente, nas escolas privadas, e de 13,4% e 6,7% nas escolas públicas ***(Shaalan et al., 2002)***.

Hafez et al 2000 estudaram crianças da escola primária que vivem no Grande Cairo, a frequência de excesso de peso e obesidade foi de 14,3% e 6,4% para os rapazes, 13,8% e 6,7% para as raparigas.

Os dados recolhidos pela associação internacional do estudo da obesidade mostram que, no Egito, a predominância de excesso de peso era superior a 25% nas crianças em idade pré-escolar, e nas crianças na faixa etária dos 11-14 anos a presença de excesso de peso, incluindo obesidade, era de 14% nos rapazes e 21% nas raparigas (utilizando definições de corte americanas) ***(Lobstein et al., 2004)***.

As estatísticas publicadas pela associação médica egípcia para o estudo da obesidade no início de 2010 estimam que 15% das crianças egípcias são obesas, em comparação com a estimativa de 1990 de apenas 6% ***(OMS/EMRO, 2010)***.

A taxa mais elevada do mundo encontra-se no Norte de África, com uma estimativa de que uma em cada seis crianças em idade pré-escolar tem excesso de peso ou é obesa - o que é o triplo do que em 1990. No entanto, isto é bastante variável entre países: em 2008, o excesso de peso ou a obesidade foram detectados em cerca de 20% das crianças em idade pré-escolar no Egito, em comparação com 5% no Sudão ***(de Onis et al., 2010)***.

- Etiopatogénese e factores de risco da obesidade infantil

Existem fases vitais importantes no desenvolvimento da obesidade. O índice de massa corporal atingido numa fase posterior da vida e o peso à nascença mostram uma forte relação em estudos longitudinais. Nos primeiros meses de vida, uma transição vívida para a adiposidade central e a resistência à insulina aparece em bebés com baixo peso à nascença ***(Ibáñez et al., 2006)***. Quando existe uma combinação entre um índice de massa corporal mais elevado e um peso inferior à nascença, a situação é mais perigosa porque está associada a um risco cardiovascular excessivo numa fase posterior da vida ***(Dietz, 2004)***.

O aleitamento materno e a sua duração mostraram associações negativas com o risco de obesidade mais tarde na infância ***(Agras et al., 1990; Aitsi-Selmi, 2015)***. A amamentação parece ter um pequeno efeito defensivo consistente contra a obesidade em crianças, como demonstrado por uma revisão sistemática de nove estudos ***(Mameli et al., 2016)***.

Um padrão de resistência à insulina pode estar normalmente presente ao longo dos anos da puberdade precoce. Isto pode ser um cofator para o ganho de peso inútil e várias outras co-morbilidades associadas à obesidade ***(Lemas et al., 2016)***. Existe uma ligação clara entre o grau de obesidade e a menarca precoce, sendo que esta última está sujeita a um aumento de duas vezes na sua taxa quando está associada a um índice de massa corporal superior ao percentil 85th ***(Muñoz-Calvo e Argente, 2016)***.

A etiopatogénese da obesidade infantil envolve vários factores. As trocas entre factores genéticos e ambientais são bem visíveis na obesidade infantil.

I. Factores genéticos da obesidade

Existem fortes evidências de que a discrepância no índice de massa corporal (peso em kg/altura em metros ao quadrado) dentro de uma população é basicamente determinada por factores genéticos ***(Nielsen et al., 2015)***, com aproximações de hereditariedade que variam entre 40% e 70% ***(Chesi e Grant, 2015)***. Estudos com crianças adoptadas ajudaram a clarificar esta evidência, quando a correlação entre o peso dessas crianças e o dos seus pais biológicos foi melhor do que a correlação com os seus pais adoptivos, apesar de partilharem o ambiente de infância com estes últimos ***(Sorensen et al., 1989)***.

- ***Impacto parental***

A tendência familiar está claramente demonstrada na obesidade. As probabilidades de as crianças com sete anos de idade sofrerem mais tarde de obesidade se a mãe, o pai ou ambos forem obesos foram de 4,66, 2,93 e 11,75, respetivamente, conforme validado pelo Estudo Longitudinal Avon; resultados que apontam para uma clara demonstração do impacto principal da obesidade parental ***(Reilly et al., 2005)***. Ao procurar qual o fator que é um preditor mais forte do desenvolvimento de obesidade na idade adulta para aqueles que têm menos de três anos de idade, os estudos mostram que a obesidade parental ultrapassa o estado de peso da criança ***(Godfrey et al., 2017)***.

A hipótese da sobrenutrição no desenvolvimento é uma das aplicações para explicar a ligação entre a obesidade da descendência e a obesidade materna. A hipótese afirma que as elevadas concentrações maternas de aminoácidos, ácidos gordos livres e glicose são as razões por detrás de alterações duradouras no metabolismo energético e no controlo do apetite do feto em desenvolvimento; algo que o coloca em maior risco de adiposidade, doenças cardiovasculares e metabólicas mais tarde na vida ***(Armitage et al., 2008)***. No entanto, continua a ser complexo separar a forma como a obesidade materna afecta diretamente a criança em desenvolvimento dos efeitos da genética partilhada e dos impactos do estilo de vida pós-natal.

Um fator muito importante na formação do fenótipo da descendência é o momento da exposição ***(Martin et al., 2016)***. Dados em roedores propõem que a obesidade da mãe prejudica a qualidade do oócito, de modo que os efeitos podem ser programados na descendência como resultado da obesidade materna, mesmo antes do momento da conceção ***(Minge et al. 2008)***. Vários estudos aprofundam a determinação da importância da sobrenutrição materna apenas durante os meses de gravidez na programação do risco de obesidade da descendência, sugerindo que o que as mães comem durante a lactação e a gravidez está significativamente associado à codificação do risco de doença nas crianças ***(Khan et al., 2005; Bayol et al., 2008, Howie et al., 2009, Smith et al., 2009b)***.

❖ ***Obesidade materna e da descendência***

Nos seres humanos, um aumento das taxas de obesidade nas crianças, bem como um aumento das taxas de parto de grandes dimensões para a idade gestacional, são acompanhados por um aumento do grau de obesidade nas mães ***(Mech et al., 2016)***. Isto esclarece uma relação entre a obesidade materna e a obesidade da descendência, comprovada também pela observação de obesidade de início precoce mesmo entre crianças nos primeiros 6 meses de vida ***(Kim et al. 2006)***. Existe uma ligação entre o aumento do peso materno antes da gravidez e a macrossomia fetal ***(Jensen et al. 2003)***; e há um grande número de estudos que relacionam o risco de excesso de peso e obesidade na infância e na idade adulta com o aumento do peso à nascença ***(Garcia-Mantrana e Collado, 2016)***.

Vários estudos observacionais estão a apoiar uma ligação entre o aumento do risco de obesidade nos descendentes enquanto recém-nascidos e crianças e a obesidade materna. Nos estudos que utilizam o índice de massa corporal como parâmetro para detetar a obesidade, os resultados mostram uma forte ligação entre a obesidade na vida adulta dos descendentes e o aumento do IMC materno durante a gravidez, bem como o IMC antes da gravidez ***(Laitinen et al, 2001, Whitaker 2004, Li et al., 2005, Reilly et al., 2005, Salsberry & Reagan 2005, Lawlor et al., 2007, Koupil & Toivanen***

2008, Mesman et al., 2009, Reynolds et al., 2009, Stuebe et al., 2009, Tequeanes et al., 2009).

Não é só o índice de massa corporal que é afetado, há também variações noutros parâmetros da composição corporal dos descendentes de mães obesas. A avaliação das medições calibradas da espessura das pregas cutâneas e da absorciometria de raios X dupla mostrou associações entre o aumento da massa gorda em recém-nascidos ***(Sewell et al., 2006, Harvey et al., 2007, , Catalano et al., 2009,)*** e em crianças ***(Burdette et al., 2006; McIntyre et al., 2010)*** e entre a obesidade materna. Notavelmente, não foi encontrada uma relação significativa entre a massa gorda do pai e a gordura corporal da descendência ***(Hull et al., 2008).***

Curiosamente, alguns estudos investigaram a influência da obesidade das mães na obesidade e composição corporal dos filhos ***(Laitinen et al., 2001, Koupil & Toivanen 2008, Reynolds et al., 2009, Stuebe et al., 2009, Tequeanes et al., 2009).*** Os resultados encontraram o impacto que continua na idade adulta para além dos elementos de estilo de vida existentes, com conotações relatadas entre o índice de massa corporal e a massa gorda da descendência e a obesidade materna até à idade de 31 anos ***(Mingrone et al., 2008, Reynolds et al. 2009).***

❖ ***Ganho de peso materno durante a gestação e obesidade da descendência***

Não há estudos suficientes focando precisamente os constituintes da dieta na perspetiva da "supernutrição" materna e seu efeito na prole em humanos. No entanto, o ganho de peso gestacional pode revelar a exposição do feto em desenvolvimento ao ambiente nutricional dominante e, assim, oferecer uma oportunidade de comparar o efeito da obesidade isolada com o da sobrenutrição ***(Drake e Reynolds, 2010).***

Notavelmente, existe uma ligeira diferença entre a influência do ganho de peso gestacional excessivo e a influência da obesidade materna no risco de obesidade da descendência. Vários ensaios de investigação estabeleceram uma associação entre o aumento de peso gestacional da mãe e a obesidade posterior na infância, adolescência e início da idade adulta ***(Oken et al., 2007; Oken et al., 2008; Mamun et al., 2009; Olson et al., 2009)***. Por outro lado, outros estudos não conseguiram encontrar um efeito ***(Catalano et al., 1995, Koupil & Toivanen 2008)***. Em todos os estudos mencionados, o efeito da obesidade materna per se foi considerado geralmente mais forte do que o efeito do ganho de peso gestacional materno ***(Mamun et al., 2009)***.

Existem restrições à realização deste tipo de investigação, uma vez que o índice de massa corporal antes da gravidez é frequentemente auto-reportado, para além do facto de vários estudos não incluírem medições exaustivas do peso e da composição corporal durante a gravidez. E, devido a estas restrições, não é possível avaliar a influência da distribuição diferenciada da gordura corporal na descendência ***(Drake e Reynolds, 2010)***.

Outra restrição é o facto de a maior parte do trabalho estudado se ter centrado apenas na obesidade materna e ter negligenciado relativamente a provável influência do pai na obesidade da descendência ***(Lawlor et al., 2008)***.

- ***Obesidade materna e metabolismo da descendência***

A obesidade materna não só aumenta o risco de obesidade da descendência, como também afecta o seu metabolismo. Estudos realizados em seres humanos avaliaram o impacto da obesidade materna na homeostase da glicose e da insulina da descendência. Mesmo após a correção da glicemia materna, foi comprovada uma associação entre a hiperinsulinemia fetal (avaliada pelos níveis de péptido C no soro do cordão umbilical) e o IMC materno elevado nos resultados do estudo Hyperglycemia and Adverse Pregnancy Outcome, que incluiu mais de vinte mil participantes ***(McIntyre et al., 2010)***.

Relativamente à influência da obesidade materna na sensibilidade à insulina, existem algumas provas da sua continuidade na vida adulta, com os filhos de mulheres com excesso de peso, demarcadas como IMC pré-gravídico superior a 27,3 kg/m^2 , a terem um risco acrescido de adquirir a síndrome metabólica aos 11 anos de idade ***(Boney et***

al., 2005).

Um grande estudo examinou 51 descendentes de mães obesas (IMC >30 kg/m^2 antes e durante a gravidez) e 15 descendentes de mães com peso normal. Neste estudo, o IMC dos pais não diferiu nos dois grupos. O teste oral de tolerância à glucose foi o método de cálculo da sensibilidade à insulina a partir dos resultados da glucose e da insulina, utilizando o índice de sensibilidade à insulina da glucose oral. A descendência do grupo obeso apresentou uma percentagem de 69% de descendentes obesos e 19% de descendentes com excesso de peso. A resistência à insulina foi mais evidente na descendência do grupo de obesos ***(Mingrone et al., 2008)***.

Estes resultados realçam a importância hipotética de outros nutrientes regulados pela insulina, tais como aminoácidos, ácidos gordos livres e triglicéridos, que também controlam o crescimento fetal ***(Godfrey et al., 2017)***. As descobertas também defendem que a obesidade materna geralmente controla a homeostase da glicose na prole.

II. Factores ambientais da obesidade

As relações entre os factores de risco ambientais para o excesso de peso e a obesidade estão inter-relacionadas e são muito fortes. O baixo nível socioeconómico e a estimulação perceptiva subótima em casa prevêem o desenvolvimento da obesidade ***(Appleton et al., 2016)***. As escolhas alimentares que os pais fazem alteram significativamente as inclinações alimentares dos seus filhos ***(Ray e Klesges, 1999)***. As preferências de gordura das crianças são principalmente afectadas pela adiposidade dos pais ***(Fisher e Birsch, 1995)***.

A ingestão de quantidades reduzidas de frutas e legumes, acompanhada de um consumo elevado de gorduras totais e saturadas, é evidente em adolescentes e crianças com um estatuto socioeconómico desfavorável ***(Gicevic et al., 2016)***. A recuperação precoce do índice de massa corporal está associada à diabetes e à intolerância à glucose ***(Bhargava et al., 2004)***. Outro fator que está associado ao aumento da percentagem de gordura corporal, bem como à probabilidade de se tornar obeso, é o facto de as crianças não dormirem o tempo suficiente ***(Nixon et al., 2008)***.

-Impacto do estatuto socioeconómico na obesidade e no risco cardio-metabólico

Muitos estudos têm documentado o papel do estatuto socioeconómico (SES) nas doenças cardiovasculares (DCV) e noutras consequências para a saúde. A investigação mostra que parte do gradiente social na saúde é explicada por perfis de factores de risco adversos em grupos com estatuto socioeconómico mais baixo ***(Gicevic et al., 2016)***. Há fatores relacionados com o estilo de vida que se sabe estarem particularmente relacionados com fatores socioeconómicos, como o aumento de peso, o sedentarismo físico e o tabagismo ***(Berkman, 2005; Loveman et al., 2015)***. Apesar da abundância de provas, alguns outros estudos não revelam qualquer efeito nem diferenças específicas de género ***(McLaren, 2007; Laaksonen et al., 2005)***. O tabagismo, a obesidade central e a hipertensão arterial estão entre os factores de risco de doenças cardiovasculares mais relevantes e altamente prevalentes ***(Franklin et al., 2009; de Koning et al., 2007)***. Especificamente nas mulheres, existe uma influência estatisticamente significativa do NSE na infância sobre a pressão arterial sistólica e a obesidade abdominal central ***(Schumann et al., 2011)***.

Devido às raízes multifactoriais subjacentes à obesidade, a hipótese de "início precoce de doenças na idade adulta" fez-nos compreender melhor como é que as exposições precoces afectam o estado de saúde e a nutrição durante o resto da vida. Foram realizados estudos exaustivos para investigar a forma como a pobreza na infância afecta o estado nutricional e de saúde nos primeiros anos de vida ***(Jamison et al., 2006; Black et al., 2008)***. Pelo contrário, os estudos longitudinais que tentaram acompanhar os efeitos da obesidade até à idade adulta foram comparativamente escassos ***(Parsons et al., 1999)***.

Uma ampla revisão sistemática de estudos que discutem as associações entre a pobreza infantil e a obesidade abdominal indicou que existe uma ligação significativa entre o risco de obesidade central nas mulheres e a pobreza precoce. A associação não foi tão clara entre os homens ***(Gonzalez et al., 2009)***. Foram extraídas conclusões diferentes e inconsistentes de estudos que investigaram os efeitos da pobreza precoce na saúde dos adultos ***(Williams 1999; Victora et al., 2008)***.

-I- ***Hábitos alimentares e desinibição alimentar da mãe***

O risco de desenvolver aumento de peso é maior nos filhos de pais com excesso de peso ***(Sorensen et al., 1992)***. Estes padrões familiares indicam uma predisposição genética. No entanto, a exposição a um ambiente específico é o que ajuda a expressar a suscetibilidade genética ao aumento de peso. Por outras palavras, os factores genéticos actuam num meio ambiental específico para gerar resultados fenotípicos ***(Godfrey et al., 2017)***.

A importância dos factores ambientais está a ser realçada pela predominância crescente do excesso de peso e da obesidade em crianças e adolescentes. A obesidade necessita tanto de uma pessoa geneticamente predisposta como da exposição a influências ambientais específicas. As influências que foram discutidas no desenvolvimento da obesidade incluem as condutas alimentares, níveis reduzidos de atividade, ingestão excessiva de energia e ingestão e gasto energético desequilibrados ***(Hill e Peters, 1998; Aguilera et al., 2013)***.

O impacto da forma como as caraterísticas alimentares e de peso dos pais afectam o peso da criança foi inspeccionado por vários estudos. Alguns estudos concluíram que o peso das raparigas e dos rapazes estava relacionado com o índice de massa corporal das mães, mas não com o dos pais; enquanto outros conseguiram mostrar relações entre o peso das crianças e o peso dos pais apenas para as mães e as suas filhas ***(Cutting et al., 1999; Whitaker et al., 2000)***. Para além disso, também existe variação relativamente à evidência de ligações entre o peso das crianças e os comportamentos alimentares dos pais.

Nos resultados do Framingham Children's Study, as crianças cujos pais tinham pontuações mais elevadas de restrição alimentar aumentaram prospectivamente a gordura corporal durante um período de 6 anos. Os filhos de pais que descreveram níveis elevados de desinibição e restrição alimentar apresentam o maior aumento de gordura corporal. É de salientar que não foi encontrada uma relação significativa entre o peso das crianças e os comportamentos alimentares dos pais na maioria dos estudos transversais que abordam este tópico ***(Whitaker et al., 2000)***. ***Cutting et al. (1999)*** mostraram que o excesso de peso nas filhas só pode ser previsto pelo índice de massa corporal materno, arbitrado pela desinibição alimentar da mãe. Os filhos de pais obesos também demonstram uma tendência para comer mais do que o necessário. Comparando filhos de pais obesos com filhos de pais magros, os filhos de famílias magras obtiveram resultados mais baixos no que diz respeito ao excesso de comida e à reatividade à comida em reação a sinais emocionais ***(Wardle et al., 2002)***. A desinibição materna prevê, de forma independente, o excesso de peso e a ingestão de alimentos de livre acesso das filhas. Esta previsão não é evidente nos rapazes, o que revela uma transmissão relacionada com o sexo nos comportamentos alimentares, tal como demonstrado na literatura ***(Perez-Pastor et al., 2009)***. O início da obesidade é vitalmente afetado pela transmissão familiar de comportamentos alimentares relacionados com o peso. O desenvolvimento e a conservação da obesidade são afectados por comportamentos alimentares gerados por estímulos externos e emocionais. Os filhos de mães com peso normal têm uma pontuação mais baixa em alimentação emocional do que os filhos de mães com excesso de peso. As crianças com excesso de peso têm uma pontuação mais elevada na velocidade de comer, na reatividade à comida e no comportamento alimentar externo ***(Jahnke e Warschburger, 2008)***.

A influência das práticas e comportamentos dos pais em vários aspectos do desenvolvimento das crianças é amplamente aceite ***(Maccoby e Martin, 1983)***. A investigação revelou que as práticas de alimentação das crianças, as preocupações com a alimentação e o historial alimentar dos pais influenciam o desenvolvimento dos resultados de peso e dos comportamentos alimentares das crianças, depois de ajustados os balanços alimentares e energéticos das crianças ***(Fisher e Birch,***

1995; Johnson e Birch, 1994). Por exemplo, os estudos mostram que a tendência das raparigas adolescentes para iniciarem uma dieta de vez em quando resulta principalmente do facto de verem e imitarem as suas mães que fazem dieta frequentemente, dando-lhes conselhos inequívocos sobre dietas ***(Pike e Rodin, 1991)***. Para as raparigas muito mais jovens, existe uma ligação entre o excesso de peso das filhas e as tentativas das mães para controlar a alimentação das filhas. As mães de filhas mais pesadas relatam um maior recurso ao controlo externo para regular a quantidade e a qualidade do que as suas filhas comem ***(Godfrey et al., 2017)***. As crianças aprendem a maior parte do que precisam de saber sobre os alimentos e a alimentação no início da infância. Isso inclui dados sobre os sinais ambientais relacionados com o início e o fim das refeições ***(Aguilera et al., 2013)***. As comunicações entre pais e filhos e o ambiente familiar são as fontes desta informação relacionada com a alimentação. Como principais cuidadoras de crianças pequenas, as mães geralmente fornecem às crianças uma estrutura para as refeições de várias maneiras, incluindo: (1) oferecendo alguns alimentos em favor de outros e (2) praticando métodos de alimentação infantil que fornecem à criança informações sobre a quantidade e a qualidade do que ela come. As crenças e atitudes das mães em relação ao controlo do peso, para além da sua própria dieta, são os principais influenciadores das tentativas de controlo materno ***(Fisher e Birch, 2002; Perez-Pastor et al., 2009)***.

As semelhanças intergeracionais no excesso de peso entre as filhas e as mães podem ser possivelmente causadas pelo facto de as filhas testemunharem a desinibição alimentar das suas mães. Isto pode levá-las a adotar comportamentos alimentares semelhantes. Outra possibilidade é que a desinibição alimentar, que se manifesta pela predisposição para comer na presença de alimentos palatáveis, pode ter uma componente genética com um fenótipo comportamental subsequente ligado a diferenças individuais no excesso de peso ***(Cutting et al., 1999)***. São necessários mais estudos para descobrir estas probabilidades.

-I- ***Impacto das alterações sociais e do estilo de vida***

Várias dimensões apresentam a etiologia da obesidade. Atualmente, propõe-se que os factores ambientais superem os efeitos genéticos devido ao facto de ter havido um aumento intenso da obesidade durante as últimas décadas ***(Cauchi et al., 2016)***. Alguns estudos afirmam que o excesso de peso numa idade precoce tem um efeito mais grave na idade adulta do que o desenvolvimento de um estado de excesso de peso numa fase posterior; com base no facto de a incidência da obesidade diminuir com a idade ***(CDC, 2009)***. Além disso, as crianças obesas e com excesso de peso correm um maior risco de desenvolver síndrome metabólica ***(Mansour et al., 2016)***. Para reconhecer os factores de risco que podem ser alterados de forma a prevenir a obesidade infantil, são necessários mais estudos. Dieta pouco saudável, ver televisão e atividade física são factores de risco de obesidade potencialmente modificáveis. No entanto, nem todos os estudos de intervenção realizados sobre o controlo da dieta e o aumento da atividade física conseguiram modificar o comportamento dos adultos ou produziram resultados constantes. As táticas para eliminar e/ou modificar os fatores de risco da obesidade devem ser realizadas durante a pré-adolescência porque os comportamentos e estilos de vida são estabelecidos no início da vida ***(Mansour et al., 2016)***.

A obesidade infantil tem sido significativamente afetada por mudanças sociais rápidas e dramáticas durante as últimas décadas ***(Ledikwe et al., 2007)***. A atividade física e os comportamentos alimentares de cada indivíduo são profundamente influenciados pelo ambiente físico e social circundante, tanto em crianças como em adultos, tal como é afirmado por provas suficientes ***(Ludwig et al., 2001)***. Foi demonstrado que os comportamentos relacionados com a urbanização favorecem a obesidade. Estes comportamentos incluem a ingestão de bebidas açucaradas, o consumo de porções excessivas em casa e nos restaurantes, o consumo frequente de refeições em estabelecimentos de fast-food e o consumo de alimentos com elevado teor calórico, tais como alimentos pobres em fibras e ricos em gordura ***(Poppitt e Prentice, 1996;***

Lin et al., 1999;; Young e

Nestlé, 2002; Smiciklas-Wright et al., 2003; Pereira et al., 2005; Ebbeling et al., 2006).

As cidades urbanas promovem os comportamentos anteriores nos cidadãos porque o ambiente de alimentos altamente calóricos está disponível a preços acessíveis e é fácil de consumir com uma preparação mínima. A obesidade infantil também está relacionada com actividades sedentárias, como ver televisão ***(Fletcher et al., 2015)***. Este hábito não está apenas relacionado com os países desenvolvidos, pois infelizmente também tem vindo a aumentar de forma alarmante nos países em desenvolvimento. O ambiente automatizado e orientado para o automóvel favorece definitivamente um estilo de vida sedentário que acaba por incentivar um baixo nível de atividade física ***(Epstein e Saelens, 2000)***. Um dos factores cada vez mais importantes na determinação dos níveis de obesidade nas populações é a conceção da comunidade e as caraterísticas da infraestrutura ***(Yancey et al., 2007)***. Esses factores incluem a disponibilidade de parques infantis, ciclovias e passeios seguros para a promoção da atividade física.

- Tipos de obesidade

A obesidade é uma doença multifatorial, que está independentemente relacionada com parâmetros culturais, económicos e sociais; não se pode condenar nenhum fator em particular e, na maioria dos casos, concorrem mais do que um fator: fator genético, fator ambiental e factores psicológicos. A maioria das crianças obesas não tem uma patologia diretamente causadora, pelo que o que sofrem é designado por obesidade simples ou obesidade exógena. Estas crianças apresentam geralmente um crescimento e um desenvolvimento físico rápidos ***(Farnesi et al., 2012)***.

A obesidade divide-se em dois tipos: "obesidade simples ou exógena e obesidade orgânica ou endógena" ***(Raine et al., 2001)***:

a. Obesidade simples ou exógena (não patológica):

- Predisposição genética

- Factores ambientais
- Factores de predisposição intra-uterina
- Estatuto socioeconómico social e causas raciais
- Dieta rica em energia (padrão alimentar)
- Perturbações do comportamento alimentar

b. Obesidade orgânica endógena (patológica):

- Síndromes congénitas e anomalias cromossómicas
- Lesão hipotalâmica
- Factores endócrinos
- Leucemia linfoblástica aguda
- Imobilidade
- Crescimento esquelético deficiente
- Fator relacionado com a medicação

- Gordura abdominal visceral

Definição de gordura abdominal visceral:

A gordura visceral é a gordura armazenada à volta dos órgãos dentro do abdómen, que se localiza mais profundamente no corpo. A gordura visceral ultrapassa a subcutânea, sendo mais ativa na sua função metabólica. As hormonas classificadas como mais prejudiciais têm origem na gordura visceral, como por exemplo a interleucina (IL)-6. Enquanto as hormonas classificadas como positivas são suprimidas pela gordura visceral, como a leptina, por exemplo ***(Hassan et al., 2016)***.

A gordura visceral produz substâncias que aumentam as hipóteses de resistência à insulina. Algumas destas substâncias são a resistina, a proteína quimioatraente de macrófagos-1 (MCP-1) e a interleucina (IL)-6. Estas substâncias causam danos no metabolismo do açúcar no sangue, conduzindo à diabetes tipo II. Dito isto, é de esperar que as pessoas que têm gordura visceral supérflua sofram de uma maior probabilidade de serem atacadas por doenças cardíacas ou diabetes.

Quando o fígado decompõe as gorduras viscerais, são criadas lipoproteínas de baixa densidade (LDL) e, em seguida, o seu fluxo através de toda a circulação sanguínea. O

LDL é conhecido por ser o tipo mau de colesterol. Este tipo mau acumula-se no interior das paredes arteriais, formando uma placa que, subsequentemente, estreita o fluxo sanguíneo. A agregação destas placas é designada por aterosclerose ***(Studer, 2007)***.

A avaliação da adiposidade central pode ser efectuada com precisão através da medição do perímetro da cintura (PC). Esta medida é considerada mais exacta do que o índice de massa corporal na determinação da gordura visceral. As probabilidades de desenvolver doenças cardíacas e diabetes têm sido direta e significativamente correlacionadas com o perímetro da cintura do indivíduo ***(Amato et al., 2013)***.

A escolha do que se come está muito envolvida na formação da gordura visceral, e não apenas na herança. As pessoas que comem mais hidratos de carbono refinados (como massa, arroz e pão branco) adquirem excesso de gordura à volta da cintura do que as pessoas que comem cereais integrais, legumes e frutas. Esta foi uma constatação constante em pesquisas que compararam pessoas que consumiam quantidades idênticas de calorias. Quando se faz um ligeiro aumento do exercício físico, associado a uma pequena regressão das calorias ingeridas, o corpo consome mais rapidamente a gordura visceral, que é metabolicamente mais ativa, do que a gordura subcutânea ***(Studer, 2007)***.

Classificação da gordura abdominal

A tomografia computorizada e a ressonância magnética classificam a gordura no interior do abdómen em gordura subcutânea e tecido adiposo intra-abdominal. Sendo delineada ao longo da superfície ventral do rim e da linha de fronteira dorsal do intestino, a gordura intra-abdominal é ainda combinada com a gordura intraperitoneal ou visceral e com as pilhas de gordura retroperitoneal por uma delineação ao longo da linha de fronteira dorsal dos intestinos e da superfície ventral do rim ***(Horan et al., 2015)***.

Factores que afectam o tecido adiposo intra-abdominal (TAIA)

Um elemento vital da massa gorda total é o tecido adiposo intra-abdominal ***(Lange et***

al., 2015). As investigações efectuadas para decidir se a deposição crescente de IAAT é a causa do aumento da adiposidade em crianças e adolescentes produziram resultados diferentes. Como sugerem alguns estudos, a adiposidade intra-abdominal em crianças é diretamente proporcional ao aumento da gordura total ***(Goran et al., 1997)***. Enquanto que o armazenamento de gordura subcutânea e não intra-abdominal em crianças obesas foi o resultado de outros estudos ***(Fox et al., 1993)***. A explicação das conclusões está a ser mais difícil devido à poderosa multicolinearidade entre a adiposidade intra-abdominal, a adiposidade subcutânea e a gordura corporal total ***(Hacıhamdioğlu et al., 2014)***.

i. O ambiente hormonal

O ambiente hormonal desempenha um papel crucial na definição da distribuição da gordura corporal ***(Kelsey e Zeitler, 2016)***. A leptina, o fator de crescimento semelhante à insulina I e as hormonas sexuais arbitram, em parte, as transformações físicas que ocorrem ao longo da puberdade, incluindo o aumento do crescimento, bem como as variações na massa óssea, muscular e gorda ***(Korner et al., 2003)***.

A deposição regional de gordura é afetada pelas hormonas sexuais ***(Bjorntorp et al., 1996)***. Acredita-se que o estrogénio circulante aumenta o armazenamento de gordura durante a puberdade, principalmente no tecido adiposo periférico; enquanto o aumento da massa de tecido magro e da adiposidade do tronco é favorecido pela testosterona circulante ***(Xu e Xue, 2016)***.Além disso, quando se comparam raparigas de diferentes estádios pubertários de Tanner, revelou-se que a puberdade foi concomitante com maiores ganhos de gordura do que de tecido magro e que a acumulação de gordura foi principalmente na região do tronco ***(Goulding et al., 2007)***.A leptina, uma hormona segregada pelos adipócitos, desempenha um papel importante na regulação do peso corporal em crianças obesas ***(Xu e Xue, 2016)***. Estimula os centros cerebrais a controlar o apetite com feedback sobre as reservas de gordura do corpo. As concentrações de leptina estão diretamente relacionadas com a massa gorda ***(Mansour et al., 2016)***.

ii. Factores alimentares

Não foram efectuados estudos suficientes para avaliar o impacto dos factores alimentares na acumulação de adiposidade intra-abdominal. Um estudo realizado em indivíduos brancos, saudáveis e não obesos, verificou algumas associações entre as medidas de tomografia computorizada do tecido adiposo abdominal intra-abdominal e subcutâneo e os factores alimentares. Uma percentagem de apenas 2% da variação da adiposidade geral foi explicada pelo consumo de gorduras, depois de ajustada a ingestão de energia proveniente de outros nutrientes que não as gorduras, a atividade física, o sexo, a idade e a massa isenta de gordura. Uma percentagem de apenas 1,4% da variação na adiposidade subcutânea foi causada pela gordura da dieta (este efeito desapareceu após o ajuste para a atividade física, sexo e idade). Não se verificou qualquer variação na adiposidade intra-abdominal, quer antes do ajustamento dos factores, quer depois ***(Larson et al., 1996)***. Portanto, concordando com outros estudos, a gordura da dieta parece produzir uma responsabilidade trivial na definição do tecido adiposo intra-abdominal quando medido em estudos transversais ***(Schwartz et al., 2016)***.

iii. Diferença de género

O rácio ideal de gordura e massa magra difere visivelmente consoante o sexo ***(Ellie & Sharon, 2008)***. Tanto o sexo como a etnia causam variações relativamente à distribuição da gordura. Quantidades relativamente maiores de gordura na parte superior do corpo caracterizam a distribuição de gordura androide (forma de maçã ou masculina); enquanto quantidades maiores de gordura nas áreas das coxas e ancas denotam o padrão ginóide (pera ou feminino). A gordura na parte inferior do corpo das mulheres é menos ativa metabolicamente do que a gordura da região abdominal e mobiliza-se durante os períodos de lactação ou gravidez. A gordura abdominal é caracterizada pela sua maior patogenicidade, sendo de notar que as fêmeas com padrão de gordura androide têm taxas de mortalidade mais elevadas ***(van Vliet et al., 2011)***.

Foi proposto que o aumento do desenvolvimento da gordura e do músculo durante a infância pode dever-se ao aumento da secreção de esteróides sexuais detectado ao longo dos primeiros meses de vida ***(Clark et al., 2002)***. Por outro lado, factores não hormonais específicos do sexo podem mediar as variações na composição corporal, para além dos esteróides sexuais. Os resultados de um estudo transversal apoiam esta justificação quando se afirma que não se verificou qualquer alteração na distribuição da gordura com a idade em crianças com idades compreendidas entre os 5 e os 12 anos após o ajustamento do tamanho do corpo, apesar do presumível aumento dos esteróides sexuais ***(He et al., 2002)***.

A distribuição da gordura também não é a mesma entre os sexos; as raparigas pré-púberes têm mais gordura no tronco do que os rapazes ***(Herd et al., 2001; Garnett et al., 2004)***.

Devido às notáveis flutuações na distribuição da gordura que ocorrem ao longo da puberdade, as repercussões metabólicas a longo prazo do excesso de gordura abdominal na idade da pré-puberdade podem ser restritas ***(Garnett et al., 2004)***.

Considera-se que as diferenças entre os géneros nos níveis de gordura se tornam mais óbvias durante a puberdade, uma vez que são parcialmente controladas por hormonas ***(van Vliet et al., 2011)***. Por conseguinte, ao acompanhar amostras ao longo da adolescência, os níveis de massa isenta de gordura são mais elevados nos homens e os de gordura são mais elevados nas mulheres. A forma de pera e de maçã da gordura corporal é significativamente visível ***(Sharon et al., 2008)***.

iv. Atividade física

Foram descritas correlações negativas significativas entre a atividade física e a gordura corporal em crianças em idade pré-escolar, ao passo que foram observadas correlações positivas entre a adiposidade e a soma do tempo de ecrã na adolescência. Mais de 60% dos anúncios televisivos durante os programas infantis estão relacionados com a alimentação, e o visionamento da televisão apoia tanto a inatividade como o aumento da ingestão calórica ***(American Diabetes Association,***

2007).

O tecido adiposo intra-abdominal é grandemente determinado pela atividade física. A inatividade física está associada a um aumento do tecido adiposo intra-abdominal nos adultos ***(Seidell, 1988)*** e o IAAT diminui seletivamente após o exercício aeróbico e o treino de força ***(Fletcher et al., 2015)***.

A investigação investigou as inter-relações entre o aumento do risco de doença, o tecido adiposo intra-abdominal e a atividade física em crianças e adolescentes, com a ajuda de procedimentos de medição complexos. Os resultados de um estudo de intervenção mostraram que o treino de força três vezes por semana, durante cinco meses, não afectou o tecido adiposo intra-abdominal, apesar do aumento significativo do tecido adiposo subcutâneo, bem como da gordura e do peso corporal em raparigas obesas. Outro estudo comparou um grupo de crianças obesas de sete a onze anos de idade que receberam um programa de treino aeróbico de quatro meses com um grupo de controlo da mesma idade que não recebeu qualquer intervenção de exercício. Os resultados mostraram que não houve alterações significativas no tecido adiposo intra-abdominal, mas uma perda significativa de tecido adiposo subcutâneo no primeiro grupo, enquanto ambos os tecidos adiposos aumentaram significativamente no grupo de controlo ***(Gutin et al., 1998)***. Assim, o aumento do IAAT relacionado com o tempo em crianças obesas parece ser abrandado tanto pelo exercício aeróbico como pelo treino de força.

CAPÍTULO 2
DIAGNÓSTICO da Obesidade Infantil

São utilizadas várias metodologias para avaliar a massa gorda com o objetivo de determinar as definições de excesso de peso e obesidade. Algumas destas metodologias são utilizadas apenas para categorizar candidatos a controlo de peso e são inaplicáveis fora desta prática clínica especializada por serem invasivas ou difíceis ***(Simmonds et al., 2016)***.

A medida mais frequentemente utilizada para definir sobrepeso e obesidade em estudos epidemiológicos e na prática clínica repetitiva é o Índice de Massa Corporal. Além disso, a obesidade central é demarcada pelo aumento da circunferência da cintura (CC) ou da relação cintura-quadril (RCQ) ***(Zhao et al., 2016)***. Em muitas populações, os factores de risco das doenças cardiovasculares (DCV), como a hipertensão e a diabetes, estão intensamente associados ao aumento do perímetro da cintura e ao aumento do peso em geral ***(Ashwell et al., 2012)***.

- Avaliação antropométrica da massa do tecido adiposo visceral abdominal :

Atualmente, um tópico que suscita interesse na investigação sobre a obesidade é a distribuição da gordura no corpo. A ocorrência de aterosclerose, diabetes e morte súbita cardíaca é elevada em indivíduos obesos, no entanto, quando a obesidade está localizada em torno do abdómen, os efeitos adversos metabólicos e cardiovasculares tornam-se ainda mais significativos ***(Hassan et al., 2016)***.

A obesidade abdominal pode ser estimada por tomografia computadorizada, ressonância magnética nuclear, ultrassom e diferentes índices antropométricos, como a relação cintura-altura (RCE), a relação cintura-quadril e a circunferência da cintura. Apesar de a tomografia computorizada ser o método mais preciso para a avaliação da gordura abdominal, são poucos os estudos populacionais realizados com esta técnica devido ao seu elevado preço operacional. Assim, os indicadores antropométricos parecem ser um bom substituto para o diagnóstico da obesidade abdominal ***(Schwingshackl et al., 2015)***.

Índice de Massa Corporal

O índice de massa corporal prevê muitos riscos para a saúde decorrentes do excesso de peso e do estado de obesidade na infância, como alterações cardiovasculares na idade adulta, asma, início prematuro da diabetes tipo II, sofrimento psicológico e apneia obstrutiva do sono ***(Franklin et al., 2006, Llewellyn et al., 2016)***.

Um estudo sobre o desenvolvimento dos jovens e os cuidados na primeira infância realizado no Instituto Nacional de Saúde Infantil e Desenvolvimento Humano comparou crianças com um índice de massa corporal superior a 85th percentil, bem como um IMC nos intervalos de referência elevados, com crianças com um índice de massa corporal inferior a 50th percentil. Os resultados revelaram que as crianças com IMC elevado são mais propensas a continuar a ganhar peso e a atingir o estado de excesso de peso na adolescência ***(Nader et al., 2006)***.

Como índice de gordura corporal, o IMC é fácil e reprodutível. A utilização do IMC é adequada para identificar raparigas obesas na fase da pré-puberdade devido à sua elevada sensibilidade. No entanto, a sua correlação com a distribuição da gordura corporal é significativamente menor ***(Martin-Calvo et al., 2016)***. Durante a pré-puberdade, o crescimento linear é menos intenso ***(Veldhuis et al., 2005)***, o que faz com que esse índice supere o viés resultante do impacto da estatura, que atua no IMC como covariável não fixa com a idade ***(Sweeting, 2007)***.

É de salientar que o IMC é uma medida da massa corporal e não uma medida quantitativa da adiposidade, o que constitui uma limitação à sua utilização. Por conseguinte, o IMC deve ser menos utilizado para identificar a composição corporal e mais utilizado como método de rastreio da obesidade em estudos populacionais ***(Flegal et al., 2006)***.

Rácio cintura-quadril

Larsson et al., 1984, correlacionaram a RCQ com um risco aumentado de infarto do miocárdio, acidente vascular cerebral e morte prematura, observando uma associação sólida entre essas variáveis. Contrariando os conceitos da época, o maior risco de infarto do miocárdio ou morte prematura foi encontrado em homens com alta RCQ e baixo índice de massa corporal, propondo que indivíduos com concentração de gordura corporal no abdômen têm alto risco de desenvolver doenças cardiovasculares. Consequentemente, a CC passou a ser utilizada para a avaliação da obesidade abdominal, apresentando uma forte associação com o acúmulo de tecido adiposo visceral abdominal ***(Zaki et al., 2012)***.

Circunferência da cintura

Na prática clínica de rotina, o diagnóstico da obesidade central depende da medição do perímetro da cintura. A circunferência da cintura está correlacionada com a obesidade e com a soma de gordura visceral, apesar de ser uma medida grosseira. É também um marcador substituto da resistência à insulina. A obesidade central, manifestada por um aumento da adiposidade abdominal, está fortemente ligada a um aumento do risco cardiometabólico, a incidentes cardiovasculares e à mortalidade ***(Hassan et al., 2016)***.Ao decidir qual é o valor normal para o perímetro da cintura, surgem diferenças em cada grupo étnico específico. As normas de diagnóstico do perímetro da cintura para a obesidade central no Egito e em muitos outros países do Médio Oriente e árabes são arbitrárias e tiveram origem inicialmente em dados de populações europeias. Isto baseou-se nas recomendações da Fundação Internacional da Diabetes e da Organização Mundial de Saúde que desaconselharam a utilização dos mesmos pontos de corte da CC para definir a obesidade central entre diferentes grupos étnicos ***(Alberti et al., 2009)*** e permitiram a utilização das normas para os europeus na região do Mediterrâneo Oriental até estarem disponíveis dados nacionais específicos. Uma vez que os critérios universais não se aplicam a todas as raças, os planeadores de políticas de saúde podem fazer uso da identificação dos valores de corte normais para cada população ao desenvolver programas de prevenção de doenças cardiovasculares ***(Ibrahim et al., 2011)***. A Tabela 1 descreve os locais anatómicos para as medidas da CC.

Quadro 1: Locais anatómicos para a medição do perímetro da cintura

Locais de medição	Organização proposta	Referência
Circunferência da cintura		
Abaixo da costela mais baixa		(Wang et al. 2003)
Cintura mínima	Antropométrico Normalização Referência Manual	(Lohman 1988)
Ponto médio entre o a costela mais baixa e a crista ilíaca	Protocolo STEPS da OMS	(OMS 2008)
Nível do umbigo ou umbigo	Protocolo NIH MESA	(MESAMonitoringBoard 2002)
Acima da crista ilíaca	Protocolo NIH e NHANES III	(Westat 1988)
Circunferência da anca		
As partes mais largas de as nádegas	Protocolos STEPS, MESA e NHANES III da OMS	(Westat1988; MESA Quadro de controlo2002 ; OMS 2008)

(Wang et al., 2003)

Rácio cintura/altura

O rácio cintura-estatura (RCE) surgiu como uma opção mais convidativa do que a circunferência da cintura e o índice de massa corporal, uma vez que estes últimos dependem de percentis específicos para a idade e o sexo das crianças. A RCE pode ser utilizada em larga escala no rastreio do risco metabólico em crianças porque é menos influenciada pela maturidade sexual, é mais fácil de obter, não necessita de tabelas de referência e, por conseguinte, é adequada para estudos populacionais e epidemiológicos ***(Goulding et al., 2010)***.

Após 2000, foi demonstrado que a RCE estava fortemente ligada a diferentes factores de risco cardiovascular. Além disso, um estudo realizado em Taiwan identificou os valores de corte mais adequados deste indicador antropométrico de obesidade abdominal com base nas curvas de caraterísticas de funcionamento do recetor (ROC) para distinguir o risco coronário e sugeriu a utilização destes valores em estudos populacionais ***(Yoo, 2016)***.

Medições do perímetro da cintura e da anca

Na literatura, existem 14 locais anatómicos diferentes nos quais a CC pode ser medida

(Wang et al. 2003). Os locais de medição da CC mais amplamente utilizados em estudos epidemiológicos são apresentados no Quadro 1.

Erro de medição relacionado com o IMC e a CC

Não existe uma base científica que sustente os protocolos de medição recomendados para o perímetro da cintura, nem existe consenso quanto ao protocolo ideal para a sua medição. Outra atenção vital na escolha de uma medida antropométrica de IMC ou CC como ferramenta de rastreio é o erro de medição. Alguns investigadores contestam o facto de a medição da CC estar menos sujeita a enviesamentos, uma vez que só é necessária uma única medição, o que favorece a utilização da CC em vez do IMC. A investigação demonstrou que as medições da altura e do peso parecem ser mais exactas entre as várias medidas antropométricas, ao passo que o perímetro da cintura apresenta grandes variações interobservadores ***(Nadas et al. 2008; Panoulas et al. 2008)***.

Apesar das melhorias nos critérios de medição, os problemas entre medidores continuam a ser uma importante causa de desvio ***(Sebo et al., 2008)***. As medições da circunferência têm revelado fortes desvios entre medidores. As medições efectuadas no mesmo indivíduo revelaram diferenças que podem atingir os três centímetros ***(Adams et al., 2002)***. As diferenças podem ser causadas pela precisão na localização do ponto exato de medição da parte do corpo, pela incapacidade de lidar com os instrumentos e pela pressão aplicada no corpo do indivíduo durante a medição ***(Gordon et al., 1992)***.

Os métodos tradicionais de determinação da forma do corpo apresentam diferenças entre as medidas do mesmo indivíduo, para além do facto de serem susceptíveis de erro humano e de consumirem muito tempo ***(Soderberg et al., 1996; Maylia et al., 1999)***. No entanto, a fita métrica continua a ser considerada como um instrumento de rotina para a avaliação dos riscos para a saúde na recolha de medidas do perímetro.

Os investigadores começaram a utilizar a tecnologia tridimensional (3D) no domínio antropométrico, a fim de minimizar os desvios das medições. A tecnologia tem o privilégio de fornecer informações completas sobre medições que são difíceis de avaliar, como o volume corporal, bem como de melhorar a qualidade das medições da circunferência e do comprimento ***(Heuberger et al., 2008)***. A utilização de antropometria 3D fiável em vez da tradicional fita métrica tem sido associada à melhoria da gestão do risco de doenças relacionadas com a obesidade ***(Lin et al., 2007)***.

- ## Índices antropométricos de superfície e DCV

Os mecanismos pelos quais a acumulação de gordura abdominal afecta o aumento do risco metabólico e cardiovascular podem estar inter-relacionados com a produção excessiva de ácidos gordos livres na área abdominal visceral. Estes ácidos gordos são depois circulados através da circulação portal, expondo o fígado a elevadas quantidades de gordura. Este incidente, por sua vez, dificulta a eliminação hepática da insulina, provocando uma hiperinsulinémia periférica e uma tendência para o desenvolvimento da diabetes. A hiperinsulinemia pode igualmente provocar alterações nas concentrações plasmáticas de lípidos e hipertensão arterial ***(Oliveira-Santos et al., 2016)***. A Tabela 2 descreve algumas relações entre os índices antropométricos de superfície e a síndrome metabólica em diferentes regiões.

A gordura total, bem como a distribuição central da gordura, têm um papel quase equivalente nas doenças cardiovasculares, tal como salientado pela investigação ***(LeDoux et al., 1997)***. Recentemente, a importância da adiposidade central como fator de risco para as doenças cardiovasculares foi estabelecida por uma grande quantidade de informação; com o perímetro da cintura a elucidar uma maior variância dos factores de risco de DCV do que o índice de massa corporal ***(Valle-Leal et al., 2016)***.

Comparando vários índices antropométricos (CC, RCQ e RCE, e IMC), verificou-se que a RCE é o melhor discriminador do risco cardiovascular para ambos os sexos no Irão, na Ásia e nos países ocidentais ***(Lee et al., 2008; Mellati et al., 2009)***. Além disso, o rácio peso-altura apresenta uma estimativa superior das doenças cardiovasculares do que as utilizações múltiplas de índices, como a referência cruzada do perímetro da cintura e do índice de massa corporal ***(Zhu et al., 2004)***. Concluindo, os índices relacionados com a cintura apresentam maior precisão do que o IMC na previsão de DCV em mulheres.

Tabela 2: Índices antropométricos de superfície e síndrome metabólica em diferentes regiões *(Yang et al., 2011)*

	Regiões	Antropometria relacionada com a gordura			
		IMC	WC	WHR	WHtR
Lin et al., 2002	Taiwan	t		t	
Hsieh et al., 2003	Japão	t	t		t
Syed et al., 2009	Paquistão	*		*	
Lee et al., 2008	Coreia		t	t	t
Kato et al., 2008	Japão	*	*	*	*
Lear et al., 2002	China e Europa		t		
Perry et al., 2008	Americanos	*	t	t	
Shen et al., 2006	Americanos		t		
Bosy-Westphal et al., 2006	Polónia	t	t		t
Wannamethee et al., 2005	Britânico	t	t	t	

Abreviaturas: IMC: índice de massa corporal; RCQ: relação cintura-quadril; RCE: relação cintura-altura; CC: circunferência da cintura; *: 0,01 < p ≤ 0,1, correlação moderada; +: p ≤ 0,01, correlação forte.

- ## Avaliação radiológica do tecido adiposo visceral abdominal

Duas técnicas são consideradas as mais fiáveis e precisas para avaliar a distribuição da gordura abdominal, nomeadamente a tomografia computorizada (TC) ou a ressonância magnética abdominal ***(Horan et al., 2015)***. Existem restrições que limitam a utilização de ambas as técnicas em investigações pediátricas, uma vez que a TC implica a exposição à radiação e a ressonância magnética (RM) tem um custo elevado e é afetada pela deslocação das crianças devido aos tempos de exame prolongados necessários. Assim, especialmente quando são necessárias medições repetitivas, são necessários métodos mais simples para estimar o tecido adiposo abdominal. Estes métodos, como a espessura das pregas cutâneas, a circunferência da cintura e a relação cintura-altura, são eficazes, mas não são capazes de quantificar os compartimentos de gordura abdominal e a sua relação com a gordura visceral em bebés ou crianças pequenas é duvidosa ***(Wells, 2007)***.

Um método não invasivo, de fácil acesso e útil para investigações no grupo etário pediátrico é a ecografia. Foram estabelecidos diferentes métodos para estimar o tecido adiposo intra-abdominal com a ecografia em adultos ***(Liu et al., 2003)***. Foi comprovada uma forte correlação entre o índice de gordura da parede abdominal e as medições da TC relativamente à distribuição da gordura abdominal ***(Suzuki et al., 1993)***. Além disso, quando o índice de gordura da parede abdominal e a espessura da gordura pré-peritoneal foram estudados independentemente da obesidade generalizada em adultos, ambos foram identificados como factores de risco para a diabetes tipo II, resistência à insulina e doença cardiovascular ***(Jung et al., 2016)***. No entanto, os dados relativos à estimativa ultra-sonográfica dos compartimentos de gordura abdominal em crianças são menos intensos.

Co-morbilidades relacionadas com a Obesidade

A obesidade é, de longe, a doença crónica mais comum das crianças e dos adolescentes. A obesidade infantil está associada a grandes danos para a saúde. É também um fator de risco precoce para uma morbilidade e mortalidade consideráveis na idade adulta ***(Tirosh et al., 2011)***. A obesidade infantil tende a continuar o seu caminho até à idade adulta, com uma percentagem que atinge até 85% das crianças obesas a tornarem-se adultos obesos. Um rácio de probabilidades de 1,3 para se tornarem adultos obesos é evidente em crianças obesas, enquanto um rácio de probabilidades de 17,5 é evidente em adolescentes obesos ***(Grant-Guimaraes et al., 2016)***.

1. Co-morbilidades metabólicas

A. Síndrome Metabólica

Podem ser identificados indícios precoces de uma aterogénese mais rápida nas crianças, apesar de estas raramente sofrerem de verdadeiros eventos cardiovasculares. Está provado um risco significativo de desenvolvimento de doença cardiovascular aterosclerótica (DCV), dislipidemia, hipertensão e diabetes de tipo 2 (DM2) naqueles que persistem como obesos na idade adulta. O termo síndrome metabólica é utilizado como um rótulo para esta constelação de doenças e perturbações em conjunto ***(Weiss et al., 2013)***.

Para além das DCV e da DMT2, várias condições clínicas estão associadas à síndrome metabólica, incluindo a apneia obstrutiva do sono (AOS), a tolerância à glicose diminuída, a doença hepática gorda não alcoólica (DHGNA), a esteatose hepática, a dislipidemia, a hipertensão, o stress oxidativo e a inflamação crónica de baixo grau ***(Graf e Ferrari, 2016)***.

É de notar que a atividade metabólica saudável e a esperança de vida normal são observadas em até vinte por cento das pessoas com obesidade mórbida ***(Voulgari et al., 2011)***. Por conseguinte, a síndrome metabólica pode não ser primariamente causada pela obesidade; em vez disso, pode ser outro indicador da disfunção metabólica básica que hipoteticamente impulsiona o seu progresso ***(Kumar e Kelly, 2016)***.

Além disso, como as crianças pequenas podem apresentar processos bioquímicos idênticos aos dos adultos (como a DMT2, a NAFLD e a dislipidemia), o envelhecimento não explica a síndrome metabólica ***(Wiegand et al., 2004)***. Por conseguinte, a síndrome metabólica deve ser considerada um indicador da presença de um risco acrescido de doença cardiovascular e não um fenótipo específico. Atualmente, a síndrome metabólica é considerada não só uma doença do adulto, mas também uma doença pediátrica ***(Biltoft & Muir, 2009)***.

Definição de Síndrome Metabólico (SM) em crianças

A definição de síndrome metabólica pediátrica foi tentada pela Federação Internacional de Diabetes (IDF) após a utilização de critérios de diagnóstico específicos para a idade e a síndrome metabólica foi sugerida em:

(1) Crianças com idades entre os 6 e os 10 anos que são obesas (definidas como perímetro da cintura ≥90th percentil) e têm outros factores de risco relevantes (como história familiar de doença cardio-metabólica).

(2) Crianças com idades compreendidas entre os 10 e os 16 anos que são obesas (definidas como perímetro da cintura ≥90º percentil) e que satisfazem os critérios da síndrome metabólica do adulto relativamente aos triglicéridos (TG), às lipoproteínas de alta densidade (HDL-colesterol), à pressão arterial (PA) e às concentrações de glucose ***(Alberti et al., 2009)***.

A instituição de uma definição de síndrome metabólica pediátrica depara-se com algumas dificuldades devido a numerosas restrições fisiológicas e metodológicas. Uma dessas restrições, por exemplo, é o desenvolvimento transitório de resistência fisiológica à insulina em crianças durante a puberdade ***(Moran et al., 2008)***. Outra é a variação dos níveis normais de lípidos consoante o sexo, a idade e a raça ***(Dai et al., 2009)***. Outros obstáculos incluem a falta de intervalos normais para as concentrações e avaliações de insulina durante a infância e a falta de uma medida padronizada para a obesidade central em crianças.

Em graus variáveis, a maioria dos estudos pediátricos reformulou os valores de referência para a síndrome metabólica a partir dos padrões dos adultos, utilizando as normas disponíveis dependentes da idade e do sexo. Quase todos os parâmetros de referência incluem os cinco elementos seguintes, tal como nas definições de síndrome metabólica para adultos:

- um aumento da CC
- uma TA elevada
- um nível elevado de TG
- um nível reduzido de colesterol HDL
- uma concentração elevada de glucose no plasma em jejum

Além disso, a maioria das definições permite um agrupamento parcial dos factores acima referidos, em vez de exigir a presença de todos os cinco para a definição de síndrome metabólica ***(Weiss et al., 2013)***.

A obesidade infantil está associada à resistência à insulina ***(Sinaiko e Caprio, 2012)***, ao metabolismo anormal da glicose ***(Sinha et al., 2002)***, à PA elevada ***(Sorof et al., 2004)***, à dislipidemia ***(Steinberger e Daniels, 2003)***, à inflamação ***(Ford et al., 2008)*** e ao comprometimento da função vascular ***(Mimoun et al., 2008***) - todos componentes da síndrome metabólica ***(Steinberger et al., 2009)***. A obesidade e os seus problemas metabólicos também se propagam da infância para a idade adulta ***(Ode et al., 2009)***.

A gordura visceral e a gordura subcutânea são diferentes entre si no que respeita ao seu papel na doença cardio-metabólica. Assim, a presença de obesidade por si só não aponta automaticamente para a presença de síndroma metabólica ***(Abbasi et al., 2008)***.

A espessura médio-intimal (IMT), como substituto da aterogénese precoce, é considerada um dos primeiros marcadores de doença cardiovascular na infância. Ao testar as diferentes definições publicadas de síndrome metabólica em adolescentes com excesso de peso e obesidade, juntamente com o grau de medições da espessura médio-intimal, apenas existiu uma correlação significativa com as definições mais conservadoras ***(Bae et al., 2015)***.

B. Resistência à insulina

Existe a hipótese de que os vários fenótipos da síndrome metabólica resultam de um precursor comum, que leva à associação e agrupamento de hipertensão, DCV, DM2 e dislipidemia em adultos. A Organização Mundial de Saúde (OMS) debate que a resistência à insulina é esse precursor ***(Zhao et al., 2016)***.

A resistência à insulina é o inverso da sensibilidade à insulina, pelo que é definida como uma resposta diminuída dos tecidos às acções celulares mediadas pela insulina e. O termo resistência à insulina refere-se normalmente à redução da captação de glicose em todo o corpo em resposta a níveis fisiológicos de insulina e aos seus efeitos subsequentes na glicose e noutras vias metabólicas mediadas pela insulina. No entanto, nem todos os tecidos dessas pessoas apresentam uma resistência idêntica à insulina. Assim, a resistência à insulina da obesidade deve afetar diversos tecidos e vias de transdução de sinal dentro do mesmo tecido de forma diferente ***(Weiss et al., 2013)***.

i. Partição de lípidos

A partição lipídica (que é a distribuição da gordura entre os seus potenciais depósitos) é um elemento importante da sensibilidade periférica à insulina devido ao facto de estar mais correlacionada com o fenótipo metabólico de crianças e adolescentes obesos do que com o grau de obesidade ***(Poyrazoglu et al., 2014)***. Por conseguinte, a partição lipídica está fortemente ligada a outros biomarcadores metabólicos, como os fluxos de ácidos gordos livres e a inflamação sistémica (fig. 1).

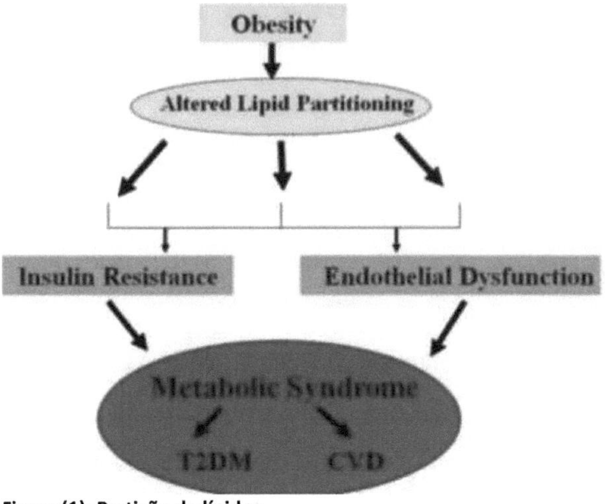

Figura (1): Partição de lípidos
(Poyrazoglu et al., 2014)

O termo *partição lipídica* designa a distribuição da gordura corporal em diferentes compartimentos e órgãos. O excesso de gordura não é armazenado apenas no seu depósito subcutâneo previsível, mas também existem outros locais prováveis de armazenamento, como o compartimento de gordura intra-abdominal e os tecidos que respondem à insulina, como o fígado e o músculo. Apesar de ainda estar a ser investigada, a Figura 1 mostra uma provável etiologia da síndrome metabólica. De acordo com este paradigma, os depósitos específicos em que o excesso de gordura é armazenado afectam diretamente a obesidade. Este padrão de armazenamento de lípidos regula o perfil de secreção de adipocitocinas e a sua influência nas concentrações circulantes de fluxo de ácidos gordos livres (AGL) e citocinas inflamatórias. A sensibilidade das vias mediadas pela insulina nos órgãos-alvo é determinada pelos efeitos mútuos destes factores. Estes efeitos mútuos influenciam também o sistema vascular através do seu efeito na função endotelial ***(Weiss et al., 2013)***.

O paradigma visceral portal apresentado na figura 2 é uma hipótese que clarifica a ligação entre a resistência à insulina e a obesidade. Esta hipótese defende que o aumento da adiposidade causa a acumulação de gordura no depósito visceral, levando a um aumento do fluxo de AGL portal e sistémico ***(Arner, 2002)***. As relações entre comorbilidades, resistência à insulina e adiposidade visceral foram reveladas na maioria das etnias e grupos etários ***(Poyrazoglu et al., 2014)***.

O facto de o rácio entre a gordura visceral e subcutânea, e não a quantidade absoluta de gordura corporal, poder ser determinante para o impacto metabólico está a ser destacado por estudos realizados em adolescentes obesos ***(Benmohammed et al., 2015)***. Na verdade, um fenótipo metabólico distintamente adverso de resistência severa à insulina e modificações no metabolismo da glicose e dos lípidos é exibido em adolescentes obesos com um elevado rácio de gordura visceral para subcutânea, em comparação com indivíduos ainda mais obesos com rácios mais baixos ***(McMorrow et al., 2015)***.

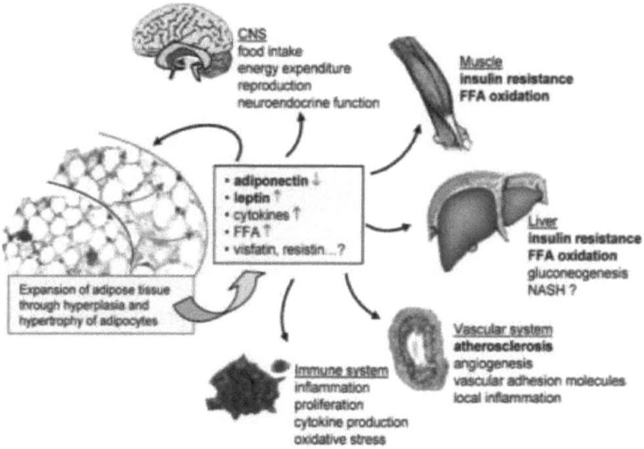

Figura (2): Paradigma do Portal Visceral *(Arner, 2002)*

ii. Adipocitocinas

A leptina e a adiponectina, entre outras adipocitocinas, têm sido relacionadas com os componentes da síndrome metabólica e com a sua disposição distintiva da divisão dos lípidos. Precisamente, níveis baixos de adiponectina têm sido associados a um aumento da gordura intramiocelular, inflamação de baixo grau e resistência à insulina ***(Winer et al., 2006)***.

A evidência crescente aponta para o facto de a obesidade estar associada a uma inflamação crónica subclínica ***(Weisberg et al., 2003)***. Por conseguinte, o tecido adiposo funciona como um órgão secretor ativo que liberta muitos péptidos, incluindo citocinas inflamatórias, para a circulação, para além de ser um simples reservatório de energia. Na obesidade, há uma perda de equilíbrio entre estes péptidos, de tal forma que os adipócitos maiores e os macrófagos implantados no seu interior criam menos péptidos anti-inflamatórios, como a adiponectina, e mais citocinas inflamatórias, como o TNF e a IL-6 ***(Matsuzawaet al.1999)***.

C. Diabetes Mellitus tipo 2

Vários estudos confirmaram uma associação muito forte da obesidade com a diabetes tipo 2 em crianças e adolescentes. Estão a acumular-se provas que sugerem uma propagação mundial da diabetes tipo 2 na infância ***(Zhao et al., 2016)***. Convencionalmente, a diabetes mellitus tipo 2 tinha sido considerada uma doença de adultos, mas atualmente o mesmo acontece em números crescentes entre adolescentes obesos ***(Daniels et al., 2012)***. A investigação mostra um risco acrescido de retinopatia e nefropatia em comparação com os jovens com diabetes de tipo 1, bem como sinais precoces de DCV em jovens com diabetes de tipo 2 ***(Solis-Herrera et al., 2014)***.

As recomendações do painel de especialistas de consenso da American Diabetic Association (ADA) para o rastreio da diabetes tipo 2 incluem qualquer doente que tenha um IMC superior ao percentil 85 para a idade e o sexo e dois dos seguintes factores de risco (a) história familiar de diabetes tipo 2 em parentes de primeiro ou segundo grau; (b) pertencer a um grupo étnico de asiáticos/ilhas do Pacífico Sul, índios americanos, hispano-americanos e afro-americanos; e (c) ter resistência à insulina ou situações associadas à resistência à insulina, como ovários policísticos (SOP), dislipidemia, hipertensão e acantose nigricans. Se os requisitos relativos ao IMC e a duas outras condições forem cumpridos, os testes devem começar aos 10 anos de idade (ou no início do desenvolvimento pubertário, se este ocorrer antes dos 10 anos) e continuar de 2 em 2 anos. O painel de profissionais sugeriu também que se recorra ao julgamento clínico para testar quaisquer outros doentes que se considere terem um risco elevado de diabetes. A glucose plasmática em jejum é o teste de eleição ***(American Diabetes Association, 2007)***.

II. Co-morbilidades cardiovasculares

A. Dislipidemia

A investigação ao longo das últimas décadas revelou amplamente que o processo aterosclerótico tem início na infância, e o estudo de eventos clínicos em adultos de meia-idade e idosos tem sido importante na doença cardiovascular ***(Blackett et al., 2015)***.

A obesidade infantil vem acompanhada de uma gama dominante de factores de risco cardiovascular que incluem hipertensão, resistência à insulina e dislipidemia combinada ***(Freedman et al., 2007)***. Em estudos de autópsia, a evidência patológica de aterosclerose mais rápida tem sido associada à obesidade infantil neste grupo etário ***(McGill et al., 2002)***. O conjunto de dislipidemias que acompanham a obesidade infantil envolve uma combinação de aumento normal a ligeiro do colesterol de lipoproteínas de baixa densidade, diminuição do colesterol de lipoproteínas de alta densidade e triglicéridos elevados ***(Kwiterovich, 2008)***.

Estudos epidemiológicos importantes, como o Bogalusa Heart Study e o Lipid Research Clinics Study, desenvolveram valores normais de lípidos na infância. Os níveis normais de triglicéridos situam-se abaixo de 100 mg/dL em crianças com menos de 10 anos e abaixo de 130 mg/dL para idades entre os 10 e os 18 anos. Relativamente à dislipidemia que está associada à obesidade, os níveis de triglicéridos variam geralmente entre 100 e 400 mg/dL. ***(Kwiterovich, 2008)***.

A retenção subendotelial de lipoproteínas contendo LDL continua a ser a causa principal da aterogénese ***(Tabas et al., 2007)***. As seguintes razões fazem com que a dislipidemia conjunta da obesidade seja predominantemente aterogénica:

- O total elevado de partículas de LDL em circulação aumenta o risco de aprisionamento na matriz subendotelial
- as partículas pequenas e densas de LDL são inadequadamente eliminadas

pelos receptores de LDL

- as partículas grandes de HDL reduzidas dificultam o transporte inverso do colesterol ***(Paramsothy et al., 2010)***.

B. Hipertensão

i. IMC e tensão arterial

É sabido que a obesidade é a questão vital suprema que afecta a dispersão da PA nas crianças ***(Urrutia-Rojas et al., 2006)***. A tensão arterial e o tamanho do corpo na infância estão correlacionados com a tensão arterial na idade adulta, tal como demonstrado pelos dados longitudinais do Estudo Muscatine em crianças entre os 7 e os 18 anos de idade ***(Lauer e Clarke, 1989)***. As crianças que sofriam de obesidade tinham uma pressão arterial mais elevada do que as crianças com peso normal ***(Lauer et al., 1991)***, mas a obesidade é um fator de risco para o desenvolvimento de hipertensão nos anos seguintes, mesmo para as crianças obesas normotensas ***(Pela et al., 1990)***.

O Bogalusa Heart Study avaliou as tendências longitudinais da pressão arterial num conjunto de crianças com pressão arterial normal, pré-hipertensão e hipertensão. Os resultados indicaram que as crianças com pré-hipertensão e hipertensão tinham uma pressão arterial e um índice de massa corporal consideravelmente mais elevados do que as crianças com pressão arterial normal. Estas crianças continuaram a seguir estes padrões desde a infância até à adolescência ***(Srinivasan et al., 2006)***.

ii. Consequências da tensão arterial elevada

O Strong Heart Study examinou a influência precoce da pré-hipertensão e da hipertensão nas considerações hemodinâmicas cardíacas e sistémicas em adolescentes e adultos jovens. Em comparação com pessoas com pressão arterial normal, a probabilidade de obesidade era maior tanto em indivíduos pré-hipertensos como em hipertensos. Quando avaliados pela circunferência da cintura, setenta e nove por cento dos hipertensos e sessenta e nove por cento dos pré-hipertensos apresentavam adiposidade central. A frequência cardíaca e o débito cardíaco - tanto em valores absolutos como após a correção da idade, do sexo e de outras variáveis - eram mais elevados nos indivíduos pré-hipertensos e hipertensos ***(Drukteinis et al., 2007)***.

iii. Mecanismos que contribuem para o aumento da tensão arterial na obesidade

A investigação ainda não provou de forma decisiva como é que as crianças obesas desenvolvem hipertensão. Foi proposto que o aumento da pressão sanguínea é principalmente regido por uma maior ativação dos sistemas simpático e renina-angiotensina e pela retenção renal de sódio e água ***(Rocchini et al., 1989; Hall, 2003)***. Sabe-se que a obesidade está associada a um aumento do débito cardíaco e à retenção de sal ***(Messerli et al., 1982)***.

Também foi detectado que um dos factores que desempenham um papel na elevação da pressão arterial são os baixos níveis de péptido natriurético circulante ***(Wang et al., 2004)*** que, por sua vez, se afirma ser o resultado de uma abundância de receptores de depuração do péptido natriurético (NPR-C) no interior do tecido adiposo. Além disso, a secreção limitada de péptidos natriuréticos pode resultar de uma síntese deficiente ou de uma diminuição da libertação de hormonas pelo miocárdio ***(Licata et al., 1994; Kelly et al., 2015)***.

iiii. Efeito da perda de peso na tensão arterial

Muitos estudos sobre os efeitos da redução de peso na hipertensão são caracterizados por algumas limitações, tais como amostras de pequena dimensão e curtos períodos de tempo.

acompanhamento a longo prazo. Em estudos que produziram um modelo dos efeitos a longo prazo da perda de peso na pressão arterial, foi divulgado que, à exceção da perda de peso cirúrgica, em que as alterações na pressão arterial foram triviais, uma diminuição na PA sistólica e diastólica de 4,6 e 6,0 mmHg, respetivamente, acompanha cada quilograma de perda de peso. A maioria dos outros estudos com acompanhamento de curto prazo mostrou uma redução menos acentuada, onde apenas 1 mmHg de queda geral na pressão arterial foi observada com cada quilograma de perda de peso ***(Aucott et al., 2005; Flores et al., 2015)***.

III. Co-morbilidades psicossociais

A obesidade em crianças e adolescentes está estritamente ligada a anomalias psicossociais que incluem, mas não se limitam a, depressão posterior na idade adulta ***(Davis et al., 2014)***. As mulheres obesas na adolescência podem correr um risco acrescido de desenvolver depressão ou ansiedade, embora ambos os sexos possam ser afectados pela depressão induzida pela obesidade ***(Anderson et al., 2007; Vanaelst et al., 2014)***.

Tabela 3: Complicações da Obesidade

Metabólico	**Endócrino**
Tolerância à glucose diminuída	Síndrome dos ovários poliquísticos
Síndrome metabólico (síndrome x)	Adrenarca prematura
Diabetes tipo 2	Aceleração ou atraso pubertário
Cardiovascular	**Gastrointestinal**
Hipertensão	Doença hepática gorda não alcoólica
Dislipidemia	Esteato-hepatite não alcoólica
Músculo-esquelético	Cirrose
Doença de Blount	Refluxo gastroesofágico
Deslizamento da epífise femoral capital	**Emergências agudas**
Respiratório	Estado hiperglicémico hiperosmolar (HHS)
Asma	Cetoacidose diabética (CAD)
Apneia do sono	**Neurológico**
Obstrução das vias respiratórias superiores	Dores de cabeça
Doença pulmonar restritiva	pseudotumor cerebral
	Disfunção/lesão hipotalâmica

(Hassink & Sandra, 2007)

CAPÍTULO 3

GESTÃO da obesidade infantil

É necessária uma tática multidisciplinar com uma visão completa para o tratamento da obesidade e do excesso de peso nos adolescentes e nas crianças. O pediatra e o enfermeiro são o núcleo da equipa, que pode incluir um nutricionista, um terapeuta comportamental, um instrutor físico e um assistente social, para além de uma equipa entusiasta de professores, pais e decisores políticos. Minimizar a velocidade do aumento de peso é o objetivo direto, seguido de um período de preservação do peso e, no final, a fase de redução do peso para melhorar o índice de massa corporal. Limitar a morbilidade e a mortalidade e melhorar a qualidade de vida são os objectivos a longo prazo da gestão da obesidade ***(Raj e Kumar, 2010)***.

Objectivos para o tratamento da obesidade

Os objectivos são definidos de acordo com os grupos etários. Não existem objectivos definidos para o tratamento de crianças com menos de dois anos que tenham obesidade ou excesso de peso. A manutenção é tudo o que é necessário para crianças obesas e com excesso de peso no grupo etário entre os dois e os cinco anos de idade ***(Ling et al., 2016)***. A manutenção do peso também é satisfatória para as crianças com excesso de peso na faixa etária entre os seis e os onze anos de idade. Para as crianças obesas do mesmo grupo, a manutenção do peso pode ser suficiente, ou pode ser tentada uma ligeira perda de peso de cerca de 0,5 kg por mês. Relativamente ao grupo etário dos doze aos dezoito anos, a manutenção do peso é satisfatória para os adolescentes com excesso de peso; pode tentar-se uma perda de peso moderada, não superior a 1 kg por semana, para os adolescentes obesos do mesmo grupo etário ***(Spear et al., 2007)***.

Componentes e fases do tratamento da obesidade

A gestão da dieta, a melhoria da atividade física, o controlo do comportamento sedentário, os medicamentos e a cirurgia bariátrica são os principais componentes do tratamento da obesidade e do excesso de peso. Por ordem crescente de força, as numerosas fases da gestão da obesidade incluem um método de prevenção, uma gestão estruturada do peso e uma intervenção multidisciplinar alargada. Cada um dos componentes passa por estas numerosas fases conforme necessário ***(Raj e Kumar, 2010)***.

I. Gestão do regime alimentar

Alimentação saudável em casa

As crianças que participam nas refeições em família são também mais propensas a comer frutas, legumes e cereais; são também menos propensas a petiscar alimentos não saudáveis; é por isso que é crucial fazer refeições regulares, incluindo o pequeno-almoço em casa ***(Nemours, 2009)***. Devem ser encorajadas formas de cozinhar saudáveis, como cozer, cozinhar a vapor, ferver e assar; e deve ser oferecida em casa uma diversidade de lanches e alimentos deliciosos e saudáveis ***(Schrempft et al., 2016)***.

As dietas à base de plantas podem intensificar a saciedade porque são ricas em água, fibras e hidratos de carbono complexos, além de terem uma baixa densidade energética. Por conseguinte, os regimes alimentares à base de plantas devem ser defendidos para um máximo de saúde e bem-estar ambiental ***(Sgambato et al., 2016)***.

Alimentação saudável na escola

A comida rápida não saudável não deve ser facilmente acessível na escola para as crianças que não tomam o pequeno-almoço em casa ***(Kaushik et al., 2011)***. As crianças mais velhas resistem a levar uma lancheira caseira para a escola porque pensam que podem parecer infantis; pelo contrário, as crianças mais novas levam regularmente consigo sandes ou comida caseira ***(McGuffin et al., 2013)***. Nos países em desenvolvimento, os doces, os gelados, os hambúrgueres, as batatas fritas, os chocolates e as colas são os alimentos mais frequentemente comprados na cantina da escola ***(Motter et al., 2015)***.

Nos países em desenvolvimento, não existem leis e regulamentos rigorosos relativos ao comércio de fast-food nas escolas. Os alimentos gordos, os fritos e as bebidas gaseificadas devem ser reduzidos nos refeitórios escolares. É também vital oferecer mais opções de alimentos saudáveis para as crianças ***(UNESDA, 2011)***.

Educação nutricional/intervenção comportamental

As práticas, atitudes e conhecimentos relacionados com a nutrição registaram melhorias entre as crianças quando se aplicou a educação nutricional nas escolas. Verificou-se uma melhoria de mais de quinze por cento nos conhecimentos relativos à pressão arterial, diabetes, atividade física, ácidos gordos trans e obesidade num programa educativo e de intervenção indiano realizado entre estudantes com idades compreendidas entre os oito e os onze anos. Após a interferência, mais dez por cento dos alunos preferiram os jogos ao ar livre aos jogos no interior e consideraram a cozedura dos alimentos a vapor uma preparação culinária saudável ***(Shah et al., 2010)***. Os professores também devem aconselhar as crianças sobre a preparação de uma refeição equilibrada através de uma seleção adequada dos alimentos. As crianças podem ser ensinadas a verificar as etiquetas dos alimentos quando vão às compras com os pais, para que comecem a saber o que estão à procura. As responsabilidades na cozinha podem ser atribuídas às crianças de forma adequada, de acordo com a idade ***(Galal et al., 2005)***.

Dar exemplos

Quando os pais fazem eles próprios uma dieta equilibrada, as crianças são automaticamente inspiradas para uma alimentação saudável. Os pais devem partilhar pelo menos uma refeição com os filhos. Devem começar eles próprios a comer mais legumes verdes e fruta, minimizando as suas próprias porções, para além de desencorajarem as crianças a comer em excesso. Por fim, é importante não recompensar ou subornar as crianças com comida, pois os alimentos não devem ser usados para modificar o comportamento das crianças ***(Pigeot et al., 2015)***.

Amamentação

Existe uma ligação entre a redução das probabilidades de excesso de peso pediátrico e o aleitamento materno. Também em termos de duração, uma maior duração do aleitamento materno parece ter menos probabilidades de excesso de peso. Comparando o aleitamento materno exclusivo com o aleitamento misto com fórmula, o primeiro parece ter um efeito mais forte na obesidade. Com o aumento da idade da criança, a relação inversa parece persistir entre o excesso de peso e o aleitamento materno ***(Yang e Huffman, 2013)***.

O aleitamento materno pode reduzir o risco de excesso de peso de várias formas biológicas. Em primeiro lugar, os bebés amamentados têm uma vantagem sobre os bebés alimentados artificialmente no que diz respeito ao controlo da quantidade de leite que ingerem. Os bebés amamentados são mais capazes de auto-regular a sua ingestão de energia, de uma forma superior à dos bebés alimentados artificialmente. Isto implica que reajam à fome interna e aos sinais de que estão cheios, opondo-se ao estímulo para terminar a alimentação através de sinais externos que os bebés alimentados a biberão enfrentam ***(Pearce et al., 2013)***.

As concentrações de insulina no sangue diferem consoante o modo de alimentação, o que pode apresentar uma segunda probabilidade para a relação inversa acima referida.

Os bebés alimentados com fórmulas têm uma resposta mais prolongada à insulina e concentrações plasmáticas de insulina mais elevadas. Estas concentrações mais elevadas de insulina incentivam uma maior deposição de tecido adiposo, o que aumenta subsequentemente o risco de diabetes tipo 2, aumento de peso e obesidade. Do mesmo modo, a secreção de insulina pode ser estimulada pela elevada ingestão de proteínas dos bebés alimentados com fórmulas ***(Nasreddine et al., 2012)***.

Existe uma terceira possibilidade relacionada com a hormona que se acredita controlar a gordura corporal e impedir o apetite. A possibilidade afirma que a amamentação afecta as concentrações de leptina. Um estudo recente descobriu que as crianças com maior ingestão de leite materno no início da vida tinham concentrações de leptina mais promissoras em relação à sua massa gorda, após o ajuste de variáveis de confusão, como o índice de massa corporal ***(Parrino et al.,***

2016).

II. Melhoria da atividade física

Pelo menos 45 a 60 minutos de atividade física de intensidade moderada devem ser encorajados a fazer parte da vida dos adolescentes e das crianças numa base regular, na maioria dos dias da semana. O exercício diário é ainda mais benéfico ***(Maatoug et al., 2015)***.

Melhoria da educação física escolar

A autoconfiança, a saúde mental e o desempenho académico melhoram com a educação física em crianças em idade escolar de países desenvolvidos, como demonstrado pela investigação ***(Mullender-Wijnsma et al., 2015)***. Nos países em desenvolvimento, a individualização das acções com base nas práticas locais, na cultura e nos interesses das crianças é benéfica. Por exemplo, enquanto os rapazes preferem desportos energéticos ao ar livre e artes marciais, as raparigas podem inclinar-se para a dança aeróbica, com ou sem música popular. Foram descritos no México e no Chile programas escolares com estas preferências específicas, personalizados de acordo com o género e a idade, que tiveram elevadas taxas de sucesso ***(Caballero et al., 2007)***.

A educação nutricional e a publicidade à atividade física foram os principais componentes de uma intervenção de prevenção da obesidade baseada na escola, num grande estudo marroquino. 1760 crianças com idades compreendidas entre o primeiro e o sétimo ano de três escolas públicas primárias de Casablanca foram incluídas no estudo como grupo experimental, juntamente com 671 alunos com idades equivalentes de uma escola semelhante situada numa cidade adjacente, como grupo de controlo. Após a aplicação do programa, a prevalência da obesidade diminuiu significativamente no grupo experimental; de 17 para 12,3% nos rapazes e de 14,1 para 10,3% nas raparigas. A prevalência da obesidade permaneceu a mesma no grupo de controlo privado do programa de intervenção ***(Kain et al., 2008)***.

Incentivar a participação dos pais

Para salvaguardar um nível realista de atividade física nas crianças, é extremamente necessária a participação dos pais. As escolas podem enviar para casa trabalhos de casa de actividades para as crianças e os pais realizarem uns com os outros, para ajudar a inspirar a atividade dos pais. Os pais podem ser incentivados pela escola a inscreverem-se como voluntários nas aulas de educação física. As escolas podem recorrer a assembleias de pais e professores para um envolvimento constante dos pais. Os próprios pais devem praticar exercício físico regularmente para servirem de exemplo. Podem também ir com os filhos a parques próximos para se entregarem a brincadeiras não estruturadas e actividades energéticas em conjunto ***(Stea et al., 2016)***.

Treino de resistência

Os adolescentes e as crianças podem ser atraídos pelo treino de resistência como uma abordagem no cenário atual. Um estudo comparou 14 crianças obesas que foram submetidas a um programa de treino de resistência durante 10 semanas, três vezes por semana, com 14 indivíduos obesos de controlo. Os resultados indicaram que o grupo que se exercitou teve uma mudança favorável na composição corporal e um progresso notável na força muscular, ao mesmo tempo que o grupo de controlo teve um aumento significativo na massa gorda de aproximadamente 1,1 quilogramas ***(Holian et al., 2005)***. Foi demonstrado que a sensibilidade à insulina aumenta consideravelmente com programas de treino de resistência em adolescentes ***(Marson et al., 2016)***. No entanto, estes programas devem ser concebidos com cuidado para evitar danos físicos ***(Alberga et al., 2016)***.

III. Restrição do comportamento sedentário

Práticas inactivas como jogos de vídeo, sentar-se em frente a ecrãs e ver televisão (TV) têm sido classicamente descritas entre adolescentes e crianças. A probabilidade de obesidade aumenta com cada hora de atividade sedentária, o que contribui para o fracasso de muitos esforços de redução de peso em crianças e adolescentes. Para minimizar o aumento da adiposidade e o estado de peso elevado, o tempo de ecrã deve ser limitado a menos de duas horas por dia ***(Mendoza et al., 2007)***. Além disso, o índice de massa corporal na idade adulta é previsto pelo visionamento de televisão durante a primeira infância, uma descoberta que reforça os benefícios a longo prazo de minimizar o tempo de ecrã em idade jovem ***(Viner e Cole, 2005)***.

Um maior consumo de bebidas gaseificadas, snacks salgados, doces e gorduras está associado ao visionamento excessivo de televisão, para além de limitar a ingestão de frutas e legumes. Isto aumenta os benefícios de associar a restrição do tempo de ecrã a planos dietéticos ***(Roman-Viñas et al., 2016)***.

IV. Tratamento farmacológico

Continua a existir alguma ambiguidade quanto ao efeito da farmacoterapia na conversão da adiposidade excessiva e na melhoria das situações de comorbilidade relacionadas com a obesidade em doentes pediátricos. O efeito dos medicamentos disponíveis no controlo do peso tem permanecido incerto. As meta-análises de ensaios para perda de peso em amostras pediátricas apresentaram um valor não significativo de -0,17 kg/m^2 para a Metformina, e um efeito escasso de -0,7 kg/m^2 para o Orlistat - que não é maior do que os tamanhos de efeito demonstrados pelas alterações comportamentais ***(McGovern et al., 2008)***. Mesmo quando associada a interferências comportamentais, a farmacoterapia existente entre os adolescentes tem apenas uma eficácia limitada ***(Seo e Sa, 2010; Wilson et al., 2010)***. No entanto, os medicamentos continuam a ser incluídos nas tácticas de recomendação das diretrizes actuais para o tratamento de adolescentes obesos ***(Barlow, 2007)***.

Devido aos efeitos adversos, os medicamentos mais úteis para o tratamento da obesidade tiveram, infelizmente, de ser retirados. Devemos elevar a fasquia da ponderação na utilização de medicamentos para a obesidade em crianças. A intervenção no estilo de vida e a prevenção primária para aqueles que já são obesos com excesso de peso são as chaves para a gestão do peso em adolescentes e crianças ***(Sherafat-Kazemzadeh et al., 2013)***.

V. Tratamento cirúrgico

O tratamento cirúrgico é considerado uma metodologia agressiva permitida em muitos casos de obesidade adolescente grave. Os adolescentes candidatos à cirurgia bariátrica devem geralmente ter mais de 13 anos de idade para as raparigas e 15 anos de idade para os rapazes, ter um índice de massa corporal superior a 40 e sofrer de complicações de obesidade que podem ser curadas com a perda sustentada de peso ***(Massabki et al., 2016)***.

O tratamento cirúrgico pode ser indicado em casos mais graves de elevação do IMC superior a 50 kg/m^2 , mesmo que não existam co-morbilidades associadas. A banda gástrica ajustável e o bypass gástrico em Y de Roux são as operações bariátricas preferidas nos adolescentes. Estes doentes requerem uma supervisão médica meticulosa e ao longo da vida, uma vez que podem ocorrer complicações, incluindo deficiência de micronutrientes, hérnia incisional e recuperação de peso. As evidências actuais defendem que as co-morbilidades são visivelmente reduzidas e os adolescentes perdem peso significativo após a cirurgia bariátrica ***(Steele et al, 2013)***.

Figura (3): Estratégias centrais para mudar o comportamento em intervenções baseadas na família para a obesidade pediátrica que incluem pais e cuidadores adultos ***(Faith et al., 2012)***

Prevenção da obesidade infantil

Impedir que crianças com um IMC normal e desejável se tornem obesas ou com excesso de peso é o plano preventivo perfeito para a obesidade. Os planos preventivos devem começar desde a idade do recém-nascido. A aplicação das políticas inclui níveis para os indivíduos e para a comunidade.

I. Prevenção a nível individual e familiar

As estratégias a nível individual apoiadas por provas fiáveis incluem o seguinte:

- Promover as refeições em família e reduzir o tamanho das doses
- Evitar comer fora de casa, especialmente em restaurantes de fast food
- Retirar ecrãs e computadores das zonas primárias de sono
- Reduzir o tempo diário de ecrã para menos de duas horas
- tomar o pequeno-almoço habitualmente
- Restrição das bebidas açucaradas ***(Ward et al., 2016)***.

A evidência mista reforça o reforço das dietas com as quantidades recomendadas de frutas e legumes. As práticas saudáveis resultantes desta evidência incluem o seguinte:

- Minimizar o consumo de alimentos altamente energéticos
- Iniciar e manter o aleitamento materno, acrescentando 60 minutos ou mais de atividade física vital por dia
- Ter uma dieta equilibrada rica em cálcio e fibras ***(Rajmil et al., 2016)***.

As abordagens essenciais à mudança de comportamento têm sido amplamente investigadas em estudos de base familiar há cerca de três décadas. Um dos componentes vitais destes estudos tem sido a participação dos pais como agentes de mudança (PAC), porque o avanço do tratamento pode ser prejudicado por um fraco envolvimento dos pais ***(Epstein et al., 2007)***.

i. ***Especificação de comportamentos-alvo***

A identificação de condutas precisas a serem mudadas pelos jovens obesos, bem como dos pais como agentes de mudança, é um passo preliminar para a modificação do comportamento. Assinalar comportamentos específicos é mais importante do que descrever expressões gerais ou inespecíficas como "comer mais saudável" ou "tornar-se mais ativo". Os estudos de intervenção de base familiar sobre a obesidade pediátrica orientaram várias condutas de saúde, tais como a ingestão diária de nutrientes específicos (por exemplo, frutas e legumes versus alimentos "luz vermelha" densos em energia) ***(Epstein et al., 2008)***, o tempo gasto em diversas formas de atividade física (por exemplo, estilo de vida versus aeróbica) ***(Epstein et al., 1994)*** e o tempo inativo ***(Epstein et al., 2008)***. A escolha dos comportamentos-alvo pode ser determinada pelo PAC ou pelo jovem, ou melhor ainda, como uma decisão conjunta ***(Wansink et al., 2009)***.

ii. Auto-monitorização

A auto-monitorização dos comportamentos-alvo é orientada por um período de cerca de uma semana, uma vez que o reconhecimento destas acções tenha sido feito. A auto-monitorização significa manter o registo de um comportamento-alvo, como o consumo de alimentos ou a atividade física, sempre que este acontece. A frequência com que o comportamento-alvo ocorre normalmente antes do início da "intervenção" é geralmente evidenciada pela auto-monitorização. Muitos adultos e crianças não têm essa consciência ***(Strugnell et al., 2016)***.

iii. ***<u>Definição de objectivos</u>***

A definição de objectivos diários ou semanais para os comportamentos-alvo é uma estratégia central de mudança ***(Wadden e Foster, 2000)***. A investigação é limitada no que diz respeito à questão de saber se os objectivos mais pequenos podem ou não ser mais suportáveis e alcançáveis. Além disso, comparando o efeito de metas menores versus metas maiores no excesso de peso infantil, os resultados não mostraram nenhuma diferença significativa constante ***(Daly et al., 2016)***.

Uma vez que as selecções alimentares podem ser desconcertantes, o "método do semáforo" tem sido uma abordagem que traduz com sucesso as necessidades energéticas diárias em disposições práticas para orientar as famílias. Os objectivos são definidos de acordo com a frequência inicial de ingestão de alimentos a vermelho (comer quantidades limitadas), amarelo (comer com moderação) e/ou verde (comer generosamente), e as famílias observam depois o progresso em relação a esses objectivos ***(Epstein et al., 2008)***.

iv. Controlo de estímulos

O controlo de estímulos para minimizar os comportamentos-alvo pode incluir a limitação das visitas a estabelecimentos de fast food ***(Chandon e Wansink, 2007)***, a deslocação dos lanches para que sejam menos perceptíveis, a utilização de loiça mais pequena, a desaprovação de ecrãs nos quartos das crianças ***(van Ittersum e Wansink, 2007)*** e a limitação dos locais em casa para comer, como comer apenas na cozinha ou na sala de jantar ***(Clark, 2015)***.

v. Estratégias de reforço positivo

Uma das estratégias fundamentais de mudança de comportamento é a utilização de métodos de reforço positivo ***(Wadden et al., 2005)***. O reconhecimento e o elogio da criança podem estar entre as melhores abordagens, assim como troféus não monetários, tempo passado em conjunto e recompensas que não estejam relacionadas com a comida ***(Ermetici et al., 2015)***. Os pais devem treinar-se para apanhar os seus filhos a serem bem-sucedidos em vez de se concentrarem nas inadequações dos seus filhos ***(AAP, 1998)***.

II. Prevenção a nível médico

É importante envolver as famílias com obesidade parental ou diabetes ao nível do médico, porque o risco de desenvolver obesidade mais tarde na vida destas crianças é maior ***(Huus et al., 2007)***. A conscientização sobre a necessidade de modificações positivas exige perguntas regulares sobre dieta e atividade física em visitas repetidas ***(Wiegman et al., 2015)***.

Cada criança precisa de fazer exames de saúde regulares, pelo menos uma vez por ano. Durante este exame, o médico deve determinar o índice de massa corporal da criança e a curva de peso e altura e aconselhar os pais se este estiver acima do intervalo normal ***(Story et al., 2006)***. Muitas crianças em idade escolar nos países em desenvolvimento não dispõem de cuidados médicos regulares. Em situações como esta, o papel das escolas pode tornar-se preponderante na abordagem de questões relacionadas com a obesidade entre os alunos, proporcionando um rastreio simples e gratuito através da medição do índice de massa corporal ***(Gupta et al., 2012)***.

III. Prevenção a nível comunitário

As interferências a nível comunitário incluem o incentivo ao aumento da atividade física tanto em casa como nas escolas, através da construção de ambientes que facilitem o acesso à atividade física. Estes esforços podem incluir o seguinte:

- Criação e manutenção de parques,
- Sensibilização para as selecções de actividades físicas disponíveis a nível local
- Adição de percursos pedestres e
- Além disso, a adição de pistas para bicicletas ***(Raj e Kumar, 2010)***.

Uma abordagem completa para combater a epidemia de obesidade infantil necessita de um conjunto de acções que contenha as seguintes etapas:

- Reestruturação das práticas organizacionais
- Persuadir os decisores políticos e a regulamentação,
- Mobilização das comunidades,
- Capacitar os fornecedores
- Estabelecimento de parcerias e redes,
- Elevar e reforçar os conhecimentos e as competências individuais ***(Poskitt, 2014)***.

Os locais vitais para a aplicação de estratégias e programas incluem centros de cuidados de saúde primários, escolas e instalações de cuidados infantis. As tentativas apropriadas podem incluir o seguinte:

- Apoiar os pedidos de educação física nas escolas
- Empregar programas de formação para capacitar os professores das escolas a ministrarem nutrição ou educação física
- Identificar a composição nutricional dos alimentos servidos nas cantinas escolares
- Prestação de apoio financeiro e técnico a programas e serviços relacionados com o controlo do peso ***(Kumanyika et al., 2008)***.

Quadro 4: Recomendações para reduzir a obesidade infantil nos países em desenvolvimento

	Recomendações
Controlo e vigilância	Controlo periódico do estado nutricional e da obesidade das crianças e dos adultos. Manter uma base de dados a nível nacional sobre as tendências seculares da obesidade e da diabetes.
Educação	Aconselhamento nutricional e físico através de meios audiovisuais e de métodos culturalmente conducentes. Aprovação de um estilo de vida saudável por pessoas proeminentes e campeões locais.
Período perinatal e neonatal	Nutrição equilibrada para mães grávidas Incentivar o aleitamento materno Evitar a obesidade de recuperação nas crianças Manutenção de uma velocidade de crescimento correta sob a orientação de médicos Evitar a alimentação excessiva das crianças raquíticas
Programas baseados na escola	Elevada importância da atividade física Alimentos saudáveis na cafetaria, proibição de bebidas açucaradas e de comida de plástico com elevado teor energético Formação de professores em matéria de educação para a saúde Incorporação de mais conhecimentos sobre nutrição, atividade física e doenças relacionadas com a nutrição no currículo escolar
Início	O tempo de televisão/computador deve ser limitado a <2 h/d Obrigatoriedade de 60 minutos diários de atividade física supervisionada pelos pais Restrição das refeições fora de casa e dos alimentos de plástico
Autoridade Sanitária Nacional	Criação de uma task force nacional para a obesidade Diminuição dos impostos e dos preços das frutas e legumes Mais parques infantis, parques e pistas para peões e ciclistas Restrição da publicidade de alimentos comerciais na televisão em horário nobre e durante programas infantis Incentivar as empresas alimentares transnacionais a fabrico de snacks saudáveis Proibição de alegações nutricionais injustas para produtos comerciais Proibição de brindes promocionais com alimentos de plástico Restrições ao patrocínio monetário de festivais da juventude por empresas de cola
Legislativo	Rotulagem dos alimentos e controlo da qualidade A política alimentar deve incluir orientações específicas por país para uma alimentação saudável para adultos e crianças

(Gupta et al., 2012)

Referências

Abbasi F, Brown BWB, Lamendola C. Relationship between obesity, insulin resistance, and coronary heart disease risk (Relação entre obesidade, resistência à insulina e risco de doença coronária). *J. Am. Coll. Cardiol.* 2008 **40:** 937-943.

Abdullah A. The Double Burden of Undernutrition and Overnutrition in Developing Countries: an Update [O duplo fardo da subnutrição e da sobrenutrição nos países em desenvolvimento: uma atualização]. *Curr Obes Rep.* 2015 Sep;4 (3):337-49.

Adams C, Burke V, Beilin LJ. Accuracy of blood pressure measurement and anthropometry among volunteer observers in a large community survey (Precisão da medição da pressão arterial e antropometria entre observadores voluntários num grande inquérito comunitário). *J Clin Epidemiol* 2002;55:338-44.

Adane AA, Mishra GD, Tooth LR. Maternal pre-pregnancy obesity and childhood physical and cognitive development of children: a systematic review (Obesidade materna antes da gravidez e desenvolvimento físico e cognitivo das crianças na infância: uma revisão sistemática). *Int J Obes (Lond).* 2016 Nov;40(11):1608-1618.

Agras SW, Kraemer HC, Berkowitz RI, Hammer LD. Influência do estilo de alimentação precoce na adiposidade aos 6 anos de idade. *J Pediatr.* 1990;116:805-9.

Aguilera CM, Olza J, Gil A. Suscetibilidade genética à obesidade e síndrome metabólica na infância. Nutr Hosp. 2013 Sep;28 Suppl 5:44-55.

Aitsi-Selmi A. Agregados familiares com uma criança raquítica e uma mãe obesa: tendências e práticas de alimentação infantil num país de rendimento médio, 1992-2008. *Matern Child Health J.* 2015 Jun;19(6):1284-91.

Alberga AS, Prud'homme D, Sigal RJ, Goldfield GS, Hadjiyannakis S, Phillips P, Malcolm J, Ma J, Doucette S, Gougeon R, Wells GA, Kenny GP. Effects of aerobic training, resistance training, or both on cardiorespiratory and musculoskeletal fitness in adolescents with obesity: the HEARTY trial. *Appl Physiol Nutr Metab.* 2016 Mar;41(3):255-65.

Alberti KGMM, Eckel RH, Grundy SM, Zimmet PZ, Cleeman JI, Donato KA, Fruchart J-C, James WPT, Loria CM, Smith SC Jr. Harmonização da Síndrome Metabólica: A Joint Interim Statement of the International Diabetes Federation Task Force on Epidemiology and Prevention; National Heart, Lung, and Blood Institute; American Heart Association; World Heart Federation; International Atherosclerosis Society; and International Association for the Study of Obesity. *Circulation* 2009, 120:1640-5.

Amato MC, Guarnotta V, Giordano C. Avaliação da composição corporal para a definição do risco cardiometabólico. *J Endocrinol Invest.* 2013 Jul- Ago;36(7):537-43.

Associação Americana de Diabetes, (ADA). Diagnóstico e classificação da Diabetes Mellitus. *Diabetes care.* 2007; 30:S42-S47.

Anderson SE, Cohen P, Naumova EN, Jacques PF, Must A. Adolescent obesity and risk for subsequent major depressive disorder and anxiety disorder: prospective evidence. *Psychosom Med.* 2007;69:740-7.

Appleton AA, Holdsworth EA, Kubzansky LD. Uma revisão sistemática da interação entre determinantes sociais e exposições ambientais para resultados no início da vida. *Curr Environ Health Rep.* 2016 Sep;3(3):287-301.

Araki S. APOE polymorphism and diabetic nephropathy (Polimorfismo da APOE e nefropatia diabética). *Clin Exp Nephrol.* 2014 Apr;18(2):230-3.

Armitage J, Lakasing L, Taylor P, Balachandran A, Jensen R, Dekou V, Ashton N, Nyengaard J & Poston L Developmental programming of aortic and renal structure in offspring of rats fed fat-rich diets in pregnancy. *Journal of Physiology* 2005: 565 171-184.

Arner, P. Insulin resistance in type 2 diabetes: role of fatty acids. *Diab. Metab. Res. Rev.* 2002:**18(Supp. 2)**: S5-S9.

Ashwell M, Gunn P, Gibson S. O rácio cintura/altura é uma ferramenta de rastreio melhor do que o perímetro da cintura e o IMC para factores de risco cardiometabólico em adultos: revisão sistemática e meta-análise. *Obes Rev.* 2012 Mar;13(3):275-86.

Aucott L, Poobalan A, Smith WC, Avenell A, Jung R, Broom J. Effects of weight loss in overweight/obese individuals and long-term hypertension outcomes: a systematic review. *Hypertension* 2005;45:1035-41.
Bae HK, Choi HS, Sohn S, Shin HJ, Nam JH, Hong YM. Cardiovascular screening in asymptomatic adolescents with metabolic syndrome (Rastreio cardiovascular em adolescentes assintomáticos com síndrome metabólica). *J Cardiovasc Ultrasound.* 2015 Mar;23(1):10-9.
Barlow SE. Recomendações do comité de peritos relativas à prevenção, avaliação e tratamento do excesso de peso e da obesidade na criança e no adolescente: relatório de síntese. *Pediatrics.* 2007; 120(Suppl 4):S164-92.
Bayol S, Simbi B, Bertrand J & Stickland N Os descendentes de mães alimentadas com uma dieta de "comida de plástico" durante a gravidez e a lactação apresentam uma adiposidade exacerbada que é mais pronunciada nas mulheres. *Journal of Physiology* 2008: 586 3219-3230.
Benmohammed K, Valensi P, Benlatreche M, Nguyen MT, Benmohammed F, Pariès J, Bennet AM, Di Angelantonio E, Ye Z, Wensley F, Dahlin A, Ahlbom A. Association of apolipoprotein E genotypes with lipid levels and coronary risk. *JAMA* 2007, 298:1300-1311.
Berkman LF. Tracking Social and Biological Experiences. The Social Etiology of Cardiovascular Disease. Editorial. *Circulation* 2005, 23:3071-3077.
Berman S. Overweight Children (Crianças com excesso de peso). *Engl J Med.* 2007: 356;300-302.
Bhargava S, Sachdev A, Fall C, Osmond C, Lakshmy R, Barker D. Relation of serial changes in childhood body-mass index to impaired glucose tolerance in young adulthood. *N Engl J Med.* 2004;350:865-75.
Biltoft, C e Muir A.. The metabolic syndrome in children and adolescents: a clinician's guide (A síndrome metabólica em crianças e adolescentes: um guia clínico). *Adolesc. Med. State Art Rev.* 2009.**20:** 109-120.
Bjorntorp P, Ottosson M, Rebuffe-Scrive M, Xu X. The regulation of adipose tissue distribution in humans. *Int J Obes Relat Metab Disord.* 1996; 291-302.
Black R, Allen L, Bhutta Z, Caulfield L, de Onis M, Ezzati M. Maternal and child undernutrition: global and regional exposures and health consequences (Subnutrição materna e infantil: exposições globais e regionais e consequências para a saúde). Lancet 2008; 371:43-60.
Blackett P, Wilson D, McNeal C. Hipertrigliceridemia secundária em crianças e adolescentes. *J Clin Lipidol.* 2015 Set-Out;9(5 Suppl):S29-40.
Boney C, Verma A, Tucker R & Vohr B Metabolic syndrome in childhood: association with birth weight, maternal obesity, and gestational diabetes mellitus. *Pediatrics* 2005 115 e290-e296.
Bosy-Westphal A, Geisler C, Onur S, Korth O, Selberg O, Schrezenmeir J, Miller M. Value of body fat mass vs anthropometric obesity indices in the assessment of metabolic risk factors. *Int J Obes* 2006;30:475-83.
Bouchard C, Perusse L. Hereditariedade e gordura corporal. *Annu Rev Nutr* 1988;8:259-77.
Breitling C, Gross A, Büttner P, Weise S, Schleinitz D, Kiess W, Scholz M, Kovacs P, Körner A. Genetic Contribution of Variants near SORT1 and APOE on LDL Cholesterol Independent of Obesity in Children. *PLoS One.* 2015 Sep 16;10(9):e0138064.
Bundred P, Kitchiner D, Buchan I. Prevalence of overweight and obese children between 1989 and 1998: population based series of cross sectional studies. *BMJ* 2001; 322: 326- 328.
Burdette H, Whitaker R, Hall W, Daniels S. Maternal infant-feeding style and children's adiposity at 5 years of age. *Arch Pediatr Adolesc Med.* 2006 May;160(5):513-20.
Caballero C, Herna'ndez B, Moreno H, Herna'ndez-Giro'n C, Campero L, Cruz A, Lazcano-Ponce E Obesidade, atividade física e inatividade entre adolescentes de Morelos, México: um estudo longitudinal. *Arch Latinoam Nutr* 2007 57:231-237
Catalano PM, Presley L, Minium J & Hauguel-de MS Fetos de mães obesas desenvolvem resistência à insulina no útero. *Diabetes Care* 2009: 32 1076-1080.
Cauchi D, Glonti K, Petticrew M, Knai C. Componentes ambientais das intervenções de prevenção da obesidade infantil: uma visão geral das revisões sistemáticas. *Obes Rev.* 2016 Nov;17(11):1116-1130.

Centros de Controlo e Prevenção de Doenças. Overweight and obesity. consequences. [cited 2009Feb27]. Availablefrom http://www.cdc.gov/NCCDPHP/DNPA/obesity/ childhood/consequences.htm.

Chandon P, Wansink B. The biasing health halos of fast-food restaurant health claims: lower calorie estimates and higher side-dish consumption intentions. *J Consum Res*. 2007;34:301-314.

Chesi A, Grant SF. The Genetics of Pediatric Obesity (A genética da obesidade pediátrica). Tendências *Endocrinol Metab.* 2015 Dec;26(12):711-21.

Chinn S, Rona RJ. Prevalence and trends in overweight and obesity in three cross sectional studies of British children, 1974- 94. *BMJ* 2001; 322: 24- 26.

Clark J, Brancati F, Diehl A. Nonalcoholic fatty liver disease (doença hepática gorda não alcoólica). *Gastroenterology*. 2002;122(6): 1649-1657.

Clark JE. Será que o tipo de método de intervenção é realmente importante para combater a obesidade infantil? A systematic review and meta-analysis. *J Sports Med Phys Fitness.* 2015 Dec;55(12):1524-43.

Coles N, Birken C, Hamilton J. Emerging treatments for severe obesity in children and adolescents (tratamentos emergentes para a obesidade grave em crianças e adolescentes). *BMJ.* 2016 Sep 29;354:i4116.

Comité dos Aspectos Psicossociais da Saúde da Criança e da Família. Academia Americana de Pediatria: orientação para uma disciplina efectiva. *Pediatrics.* 1998;101(pt 1):723-728.

Connaughton M, McMorrow M, McGillicuddy C, Lithander F, Roche H. Impacto dos nutrientes anti-inflamatórios na inflamação metabólica associada à obesidade desde a infância até à idade adulta. *Proc Nutr Soc.* 2016 maio;75(2):115-24.

Couderc R, Mahieux F, Bailleul S. Prevalência dos fenótipos da apolipoproteína E na doença cerebrovascular isquémica: um estudo caso-controlo. *Stroke* 1993;24:661-4.

Cutting TM, Fisher JO, Grimm-Thomas K, Birch LL. Tal mãe, tal filha: os padrões familiares de excesso de peso são mediados pela desinibição alimentar das mães. *Am J Clin Nutr* 1999;69:608-613.

Dai S., Fulton J, Harrist R, Grunbaum J.. Lípidos no sangue em crianças: padrões relacionados com a idade e associação com índices de gordura corporal: projeto HeartBeat! *Am. J. Prev. Med.* 2009:**37(suppl 1**): S56-S64.

Dallongeville J, Lussier-Cacan S, Davignon J. Modulation of plasma triglycerides levels by apoE phenotype: a metaanalysis. *J Lipid Res* 1992;33:447-54.

Daly P, Pace T, Berg J, Menon U, Szalacha A. Uma intervenção de alimentação consciente: Um estudo de viabilidade anti-obesidade aleatório orientado pela teoria com adolescentes latinas. *Complement Ther Med.* 2016 Oct;28:22-8.

Daniels R, Arnett K, Eckel H, Gidding S, Hayman L, Kumanyika S. Excesso de peso em crianças e adolescentes: fisiopatologia, consequências, prevenção e tratamento. *Circulation.* 2005;111:1999-2012.

Davignon J, Gregg E, Sing F. Apolipoprotein E polymorphism and atherosclerosis. *Arteriosclerosis* 1988;8:1-21.

Davis R, Dearing E, Usher N, Trifiletti S, Zaichenko L, Ollen E, Brinkoetter T, Crowell-Doom C, Joung K, Park H, Mantzoros S, Crowell A. Avaliações detalhadas da adversidade na infância melhoram a previsão da obesidade central, independentemente do género, raça, risco psicossocial em adultos e comportamentos de saúde. *Metabolism.* 2014 Feb;63(2):199-206.

de Onis M, Blossner M, Borghi E. Global prevalence and trends of overweight and obesity among preschool children. *Am J Clin Nutr.* 2010;92:1257-64.

Dietz WH. Excesso de peso na infância e na adolescência. *N Engl J Med.* 2004;350:855- 7.

Donohoue PA. Obesidade. In: Behrman RE, Kleigman RM, Jenson HB, editores. *Nelson textbook of pediatrics.* 17ª edição. Philadelphia: WB Saunders; 2004. pp. 173-7.

DrakeJ , ReynoldsM . Impacto da obesidade materna na obesidade da descendência e
risco de doença cardiometabólica. *Reproduction.* 2010 Sep;140(3):387-98.

DrakeJ , ReynoldsM . Impacto da obesidade materna na obesidade da

descendência e
risco de doença cardiometabólica. *Reproduction*. 2010 Sep;140(3):387-98.
Drukteinis S, Roman J, Fabsitz R, Lee T, Best G, Russell M. Caraterísticas hemodinâmicas cardíacas e sistémicas da hipertensão e pré-hipertensão em adolescentes e jovens adultos: o Strong Heart Study. *Circulation* 2007;115:221-7.
Ebbeling B, Feldman A, Osganian K, Chowmitz R, Ellenbogen J, Ludwing S. Effects of decreasing sugar-sweetened beverage consumption on body weight in adolescents: a randomized, controlled pilot study. *Pediatrics*.
2006;117:673-80.
Eichner E, Dunn T, Perveen G, Thompson M, Stewart E, Stroehla C. Apolipoprotein E polymorphism and cardiovascular disease: a HuGE review. *Am J Epidemiol.* 2002 Mar 15;155(6):487-95.
Ellie W, Sharon R 2008. Body weight, body composition and health (Peso corporal, composição corporal e saúde). Capítulo 8 em: Understanding nutrition. Décima primeira edição. Thomson. Wadaworth.
Ellulu S, Patimah I, Khaza'ai H, Rahmat A, Abed Y, Ali F. Doença cardiovascular aterosclerótica: uma revisão dos factores iniciadores e protectores. *Inflammopharmacology*. 2016 Feb;24(1):1-10.
Epstein H, Paluch A, Beecher D, Roemmich N. Increasing healthy eating vs. reducing high energy-dense foods to treat pediatric obesity. *Obesity (Silver Spring)*. 2008;16:318 -326.
Epstein H, Paluch A, Roemmich N, Beecher D. Family-based obesity treatment, then and now: twenty-five years of pediatric obesity treatment. *Health Psychol.* 2007;26:381-391.
Epstein H, Saelens E. Behavioral economics of obesity: food intake and energy expenditure. In: Bickel WK, Vuchinich RE, editores. *Reframing health behavior change with behavioral economics*. Mahwah, NJ: Lawrence Erlbaum Associates; 2000.
Epstein H, Valoski A, Wing R, McCurley J. Ten-year outcomes of behavioral family-based treatment for childhood obesity (Resultados de dez anos de tratamento comportamental baseado na família para a obesidade infantil). *Health Psychol.* 1994;13:373- 383.
Ermetici F, Zelaschi F, Briganti S, Dozio E, Gaeta M, Ambrogi F, Pelissero G, Tettamanti G, Corsi Romanelli M, Carruba M, Morricone L, Malavazos AE. Association between a school-based intervention and adiposity outcomes in adolescents: O projeto italiano "EAT". *Obesity (Silver Spring)*. 2016 Mar;24(3):687-95.
Eto M, Watanabe K, Makino I. Frequências do alelo da apolipoproteína E na diabetes mellitus não insulino-dependente com hipertrigliceridemia (hiperlipoproteinemia de tipo IIb, III, IV e V). *Metabolismo* 1991;40:776-80.
Faith S, Van Horn L, Appel J, Burke E, Carson A, Franch A, Jakicic M, Kral V, Odoms-Young A, Wansink B, Wylie-Rosett J; American Heart Association Nutrition and Obesity Committees of the Council on Nutrition; Physical Activity and Metabolism; Council on Clinical Cardiology; Council on Cardiovascular Disease in the Young; Council on Cardiovascular Nursing; Council on Epidemiology and Prevention, and Council on the Kidney in Cardiovascular Disease. Avaliação dos pais e adultos cuidadores como "agentes de mudança" no tratamento de crianças obesas: evidências para estratégias de mudança de comportamento dos pais e lacunas de investigação: uma declaração científica da American Heart Association. *Circulation*. 2012 Mar 6;125(9):1186-207.
Farnesi C, Ball D, Newton S. Family-health professional relations in pediatric weight management: an integrative review. *Pediatr Obes.* 2012 Jun;7(3):175- 86.
Fisher O, Birch L. Fat preferences and fat consumption of 3- to 5-year-old children are related to parental adiposity. *J Am Diet Assoc*. 1995;95:759-64.
Flegal M, Tabak J, Ogden L. Excesso de peso em crianças: definições e interpretação. *Health Educ Res* 2006; 21 (6): 755-60.
Fletcher E, Leech R, McNaughton A, Dunstan W, Lacy E, Salmon J. Is the relationship between sedentary behavior and cardiometabolic health in adolescents independent of dietary intake? Uma revisão sistemática. *Obes Rev.* 2015 Sep;16(9):795-805.

Flores L, Vidal J, Núñez I, Rueda S, Viaplana J, Esmatjes E. Alterações longitudinais da pressão arterial após perda de peso: factores envolvidos. *Surg Obes Relat Dis.* 2015 Jan-Fev;11(1):215-21.

Ford S, Li C, Zhao G. Prevalence of the metabolic syndrome among U.S. adolescents using the definition from the International Diabetes Federation. *Diab. Care.* 2008: **31:** 587-589.

Fox K, Peters D, Armstrong N, Sharpe P, Bell M. Abdominal fat deposition in 11- year-old children. *Int J Obes.*1993; 17:11-16.

Franklin SS, Lopez VA, Wong ND, Mitchell GF, Larson MG, Vasan RS, Levy D. Componentes da pressão arterial simples versus combinados e risco de doença cardiovascular: o Framingham Heart Study. *Circulation* 2009, 119:243-250.

Franklin SS, Lopez VA, Wong ND, Mitchell GF, Larson MG, Vasan RS, Levy D. Componentes da pressão arterial simples versus combinados e risco de doença cardiovascular: o Framingham Heart Study. *Circulation* 2009, 119:243-250.

Freedman S, Mei Z, Srinivasan R, Berenson S, Dietz H. Cardiovascular risk factors and excess adiposity among overweight children and adolescents: the Bogalusa Heart Study. *J Pediatr.* 2007; 150(1):12-17.

Galal OM, Ismail I, Gohar AS, Foster Z. Schoolteachers' awareness about scholastic performance and nutritional status of Egyptian schoolchildren (Sensibilização dos professores para o desempenho escolar e o estado nutricional dos alunos egípcios). *Food Nutr Bull.* 2005 Jun;26(2 Suppl 2):S275-80.

Garcia-Mantrana I, Collado C. Obesidade e excesso de peso: Impacto no microbioma materno e do leite e o seu papel na saúde e nutrição do bebé. *Mol Nutr Food Res.* 2016 Ago;60(8):1865-75.

Garnett P, Hogler W, Blades B, Baur L, Peat J, Lee J e Cowell C. Relationship between hormones and body composition, including bone, in prepubertal children. *American Jou. Of Clin. Nut.* 2004;80:966-972.

Gicevic S, Aftosmes-Tobio A, Manganello JA, Ganter C, Simon CL, Newlan S, Davison K. Parenting and childhood obesity research: a quantitative content analysis of published research 2009-2015. *Obes Rev.* 2016 Aug;17(8):724-34.

Godfrey M, Reynolds M, Prescott L, Nyirenda M, Jaddoe W, Eriksson G, Broekman F. Influence of maternal obesity on the long-term health of offspring. *Lancet Diabetes Endocrinol.* 2017 Jan;5(1):53-64.

Goran M, Nagy T, Treuth M. Visceral fat in Caucasian and African-American prepubertal children (Gordura visceral em crianças pré-púberes caucasianas e afro-americanas). *Am J Clin Nutr. 1997;* 65:1703-1709.

Gordon C, Bradtmiller B. Interobserver error in a large scale anthropometric survey (Erro interobservador num inquérito antropométrico em grande escala). *Am J Hum Biol* 1992;4:253-63.

Goulding A, Grant A, Taylor W, Williams S, Parnell W, Wilson N. Ethnic differences in extreme obesity (Diferenças étnicas na obesidade extrema). *J Pediatr.* 2007;/151(5):/542_4.

Goulding A, Taylor W, Grant M, Parnell R, Wilson C, Williams M. Rácios cintura/altura em relação às pontuações z do IMC em três grupos étnicos de uma amostra representativa de crianças da Nova Zelândia com idades compreendidas entre os 5 e os 14 anos. *Int J Obes* 2010, 34:1188-1190.

Graf C, Ferrari N. Metabolic Syndrome in Children and Adolescents (Síndrome Metabólica em Crianças e Adolescentes). *Visc Med.* 2016 Oct;32(5):357-362.

Grant-Guimaraes J, Feinstein R, Laber E, Kosoy J. Sobrepeso e Obesidade na Infância. *Gastroenterol Clin North Am.* 2016 Dez; 45 (4): 715-728.

Guillame M, Lapidus L, Beckers F, Lamber A, Bjorntorp P. Familial trends of obesity through three generations: the Belgian-Luxembourg Child Study. *Int J Obes Relat Metab Disord* 1995;19:S5-9.

Gupta N, Goel K, Shah P, Misra A. Childhood obesity in developing countries: epidemiology, determinants, and prevention. *Endocr Rev.* 2012 Feb;33(1):48- 70.

Gutin B, Ferguson M, Allison J, Karp W, Le N. Visceral adipose tissue and cardiovascular risk factors in obese children. *J Pediatr.* 1998 Jul;133(1):41-5.

Hacıhamdioğlu B, Öçal G, Berberoğlu M, Sıklar Z, Fitöz S, Tutar E, Nergisoğlu G, Savaş Erdeve S, Çamtosun E. O tecido adiposo pré-peritoneal pode estar associado à rigidez arterial em

adolescentes obesos. *Ultrassom Med Biol.* 2014 maio; 40 (5): 871-6.
Hafez A, El-Awady M e Hassan N. Obesity profile among primary school children in Cairo. *The Egyptian Journal of community Medicine*, 2000; 18:99119.
Hall E. O rim, a hipertensão e a obesidade. *Hypertension* 2003;41:625-33.
Hallman M, Boerwinkle E, Saha N. The apolipoprotein E polymorphism: a comparison of allele frequencies and effects in nine populations. *Am J Hum Genet* 1991;49:338-49.
Hallman M, Boerwinkle E, Saha N. The apolipoprotein E polymorphism: a comparison of allele frequencies and effects in nine populations. *Am J Hum Genet* 1991;49:338-49.
Hallman M, Boerwinkle E, Saha N. The apolipoprotein E polymorphism: a comparison of allele frequencies and effects in nine populations. *Am J Hum Genet* 1991;49:338-49.
Hanh T, Nhung T, Dao T, Tuyet T, Hop T, Binh Q, Thuc T. Hanis L, Hewett-Emmett D, Douglas C. Effects of the apolipoprotein E polymorphism on levels of lipids, lipoproteins, and apolipoproteins among Mexican-Americans in Starr County, Texas. *Arterioscler Thromb* 1991;11:362-70.
Harvey C, Poole R, Javaid K, Dennison M, Robinson S, Inskip M, Godfrey M, Cooper C & Sayer A Parental determinants of neonatal body composition. *Journal of Clinical Endocrinology and Metabolism* 2007: 92 523-526.
Hassan N, El-Masry S, Farid T, Khalil A. Influência dos pais e de algumas caraterísticas demográficas no estado de excesso de peso/obesidade numa amostra de crianças egípcias. *Acesso aberto Maced J Med Sci.* 2016 Sep 15;4(3):342-347.
Hassan N, El-Masry S, Farid T, Khalil A. Influência dos pais e de algumas caraterísticas demográficas no estado de excesso de peso/obesidade numa amostra de crianças egípcias. *Acesso aberto Maced J Med Sci.* 2016 Sep 15;4(3):342-347.
Hassan N, Wahba S, El-Alameey I, El-Masry S, Abu Shady M, Raafat E, Nihad H. Salah T, Bosila S. Padrão de comportamento alimentar e atividade física em mães com excesso de peso e obesas: Relações com o índice de massa corporal de seus filhos. *Acesso aberto Maced J Med Sci.* 2016 Sep.15; 4(3): 353-358.
Hassink, Sandra Gibson M.D., F.A.A.P. A Clinical Guide to Pediatric Weight Management and Obesity, **2007**. 1ª Edição.Copyright ©*Lippincott* Williams & Wilkins.
Havel R, Kane J. Introdução: estrutura e metabolismo das lipoproteínas plasmáticas. In: Scriver C, Beaudet A, Sly W. The metabolic and molecular bases of inherited disease (As bases metabólicas e moleculares das doenças hereditárias). 7th ed. Nova Iorque, NY: McGraw-Hill, Inc, 1995:1841-51.
He Q, Horlick M, Thornton J. Sex and race differences in fat distribution among Asian ,African-American, and Caucasian prepupertal children. *J Clin Endocrinol Metab* 2002; 87:2164-70
Herd S, Gower B ,Dashti N, Goran M. Body fat, fat distribution and serum lipids, lipoproteins and apolipoprotiens in African-American and Caucasian- American pre pubertal children. *Int J obese relat Metabolic disord.*2001; 25:198-204.
Heuberger R, Domina T, MacGillivray M. Body scanning as a new anthropometric measurement tool for health-risk assessment. *Int J Consum Stud* 2008;32:34- 40.
Hill J, Peters J. Environmental contributions to the obesity epidemic (Contribuições ambientais para a epidemia de obesidade). *Science* 1998;280:1371-4.
Holian CM, King JT, Griffith JR, Adams KJ, Clasey JL. Os efeitos do treino de resistência nas medidas de composição corporal e força em crianças. *Colégio Americano de Medicina Desportiva 52ª Reunião Anual*, 2005, Nashville, TN (Resumo 968)
Horan M, Gibney E, Molloy E, McAuliffe F. Metodologias para avaliar a adiposidade pediátrica. *Ir J Med Sci.* 2015 Mar;184(1):53-68.
Howie GJ, Sloboda DM, Kamal T & Vickers MH A história nutricional materna prevê a obesidade na descendência adulta, independentemente da dieta pós-natal. *Journal of Physiology* 2009: 587 905-915.
Hsieh SD, Yoshinaga H, Muto T. Waist-to-height ratio, a simple and practical index for assessing central fat distribution and metabolic risk in Japanese men and women. *Int J Obes Relat Metab Disord*

2003;27:610-6.
Huang Y, Liu X, Rall S. Overexpression and accumulation of apolipoprotein E as a cause of hypertriglyceridemia. *JBiol Chem* 1998;273:26388-93.
Hull H, Dinger M, Knehans A, Thompson D e Fields D. Impact of maternal body mass index on neonate birthweight and body composition (Impacto do índice de massa corporal materna no peso à nascença e na composição corporal do recém-nascido). *American Journal of Obstetrics and Gynecology* 2008: 198 416.
Huus K, Ludvigsson JF, Enskar K, Ludvigsson J. Factores de risco na obesidade infantil - resultados da coorte All Babies In: Southeast Sweden (ABIS) cohort. *Ata Paediatr*. 2007;96:1321-5.
Ibáñez L, Ong K, Dunger D, de Zegher F. Early development of adiposity and insulin resistance after catch-up weight gain in small-for-gestational-age- children. *J Clin Endocrinol Metab.* 2006 Jun;91(6):2153-8.
Ibrahim MM, Elamragy AA, Girgis H, Nour MA. Valores de corte do perímetro da cintura e risco cardiovascular associado em egípcios. *BMC Cardiovasc Disord.* 2011 Aug 16;11:53.
Grupo de Trabalho Internacional para a Obesidade. Childhood obesity (Obesidade infantil). [citado 2010 Dez 2]. Disponível em: http://www.iotf.org/childhoodobesity.asp.
Jackson R, Rashed M, Saad-Eldin R. Rural urban differences in weight, body image, and dieting behavior among adolescent Egyptian schoolgirls. *Int J Food Sci Nutr* 2003; 54:1-11.
Jackson-Leach R, Lobsein T. Estimated burden of paediatric obesity and comorbidities in Europe (Estimativa do peso da obesidade pediátrica e das comorbilidades na Europa). Parte 1. O aumento da prevalência da obesidade infantil na Europa está a aumentar. *Int J Pediatr Obes*. 2006; /1:/26_32.
Jahnke DL, Warschburger PA. Transmissão familiar de comportamentos alimentares em crianças em idade pré-escolar. *Obesity (Silver Spring).* 2008 Aug;16(8):1821-5.
Jamison D, Breman J, Measham A, Alleyne G, Claeson M, Evans D. Disease control priorities in developing countries. 2ª Ed. Washington DC: Oxford University Press/Banco Mundial; 2006.
Jensen DM, Damm P, Sorensen B, Molsted-Pedersen L, Westergaard JG, Ovesen P & Beck-Nielsen H Pregnancy outcome and prepregnancy body mass index in 2459 glucose-tolerant Danish women. *American Journal of Obstetrics and Gynecology* 2003: 189 239-244.
Johnson S, Birch L. Parents' and children's adiposity and eating styles. *Pediatrics* 1994;94:653-61.
Jung J, Jung M, Kim K, Kwon A, Chae H, Yoon C, Kim H, Kim D. Medição por ultra-sons da espessura da gordura visceral pediátrica: correlações com perfis metabólicos e hepáticos. *Ann Pediatr Endocrinol Metab.* 2016 Jun;21(2):75-80.
Kain J, Uauy R, Leyton B, Cerda R, Olivares S, Vio F Effectiveness of a dietary and physical activity intervention to prevent obesity in school age children. *Rev Med Chil* 2008: 136:22-30
Kato M, Takahashi Y, Inoue M, Tsugane S, Kadowaki T, Noda M; Grupo de Estudo JPHC. Comparações entre índices antropométricos para prever a síndrome metabólica em japoneses. *Asia Pac J Clin Nutr* 2008;17:223-8.
Kaushik JS, Narang M, Parakh A Consumo de fast food em crianças. *Indian Pediatr* 2011: 48:97-101
Kelly R, Magnussen C, Sabin M, Cheung M, Juonala M. Development of hypertension in overweight adolescents: a review. *Adolesc Health Med Ther.* 2015 Oct 21;6:171-87.
Kelsey M, Zeitler P. Resistência à insulina da puberdade. *Curr Diab Rep.* 2016 Jul;16(7):64.
Khan I, Dekou V, Douglas G, Jensen R, Hanson M, Poston L and Taylor P. A high-fat diet during rat pregnancy or suckling induces cardiovascular dysfunction in adult offspring. *American Journal of Physiology.* Regulatory, Integrative and Comparative Physiology 2005: 288 R127-R133.
Kim J, Peterson K, Scanlon K, Fitzmaurice G, Must A, Oken E, Rifas-Shiman S, Rich-Edwards J & Gillman M Trends in overweight from 1980 through 2001 among preschool-aged children enrolled in a health maintenance organization. *Obesidade* 2006: 14 1107-1112.
Korner A, Lindholm E, Brevinge H, Bergh C, Lundholm K. Relationships between self-reported health related quality of life and measures of standardized exercise capacity and metabolic efficiency in a middle-aged and aged healthy population: *Qual Life Res.* 2003;12(5):575-82.
Koupil I & Toivanen P. Social and early-life determinants of overweight and obesity in 18-year-old

Swedish men. *International Journal of Obesity* 2008: 32 73-81.

Koupil I & Toivanen P. Social and early-life determinants of overweight and obesity in 18-year-old Swedish men. *International Journal of Obesity* 2008: 32 73-81.

Koupil I & Toivanen P. Social and early-life determinants of overweight and obesity in 18-year-old Swedish men. *International Journal of Obesity* 2008: 32 73-81.

Kuczmarski R, Ogden C, Grummer-Strawn L, Flegal K, Guo S, Wei R. Gráficos de crescimento do CDC: Estados Unidos. Adv Data 2000; 314: 1-27.

Kumanyika S, Obarzanek E, Stettler N, Bell R, Field A, Fortmann S. Populationbased prevention of obesity: the need for comprehensive promotion of healthful eating, physical activity, and energy balance: a scientific statement from American Heart Association. *Circulation.* 2008;118:428-64.

Kumar S, Kelly A. Review of Childhood Obesity: From Epidemiology, Etiology, and Comorbidities to Clinical Assessment and Treatment (Da Epidemiologia, Etiologia e Comorbilidades à Avaliação Clínica e Tratamento). *Mayo Clin Proc.* 2017 Jan 5. pii: S0025-6196(16)30595-X.

Kuusisto J, Mykkanen L, Kervinen K. Apolipoprotein E4 phenotype is not an important risk fator for coronary heart disease or stroke in elderly subjects. *Arterioscler Thromb Vasc Biol* 1995;15:1280-6.

Kwiterovich P. Recognition and Management of dyslipidemia in children and adolescents (Reconhecimento e gestão da dislipidemia em crianças e adolescentes). *J Clin Endocrinol Metab.* 2008; 93(11):4200-4209.

Laaksonen M, Rahkonen O, Larvonen S, Lahelma E. Socioeconomic status and smoking: analysing inequalities with multiple indicators. *Eur J Public Health* 2005, 15:262-269.

Laitinen J, Power C & Jarvelin M Family social class, maternal body mass index, childhood body mass index, and age at menarche as predictors of adult obesity. *American Journal of Clinical Nutrition* 2001: 74 287-294.

Lange T, Buechert M, Baumstark M, Deibert P, Gerner S, Rydén H, Seufert J, Korsten-Reck U. Value of MRI and MRS fat measurements to complement conventional screening methods for childhood obesity. *J Magn Reson Imaging.* 2015 Nov;42(5):1214-22.

Larson D, Hunter G, Williams M, Kekes-Szabo T, Nyikos I, Goran M. Dietary fat in relation to body fat and intraabdominal adipose tissue: A crosssectional study. *Am J Clin Nutr.*1996; 64:677-684.

Larsson B, Svardsudd K, Welin L, Wilhelmsen L, Bjorntorp P, Tibblin G.
Distribuição do tecido adiposo abdominal, obesidade e risco de doença cardiovascular e morte: 13 year follow up of participants in the study of men born in 1913. *Br Med J* 1984;288 (6428):1401-4.

Lauer R, Clarke W. Childhood risk factors for high adult blood pressure: the Muscatine Study. *Pediatrics* 1989;84:633-41.

Lauer RM, Burns T, Clarke W, Mahoney L. Childhood predictors of future blood pressure. *Hypertension* 1991;18(Suppl 3):I74-81.

Lawlor D, Smith G, O'Callaghan M, Alati R, Mamun A, Williams G & Najman J Epidemiologic evidence for the fetal overnutrition hypothesis: findings from the Mater-University study of pregnancy and its outcomes. *American Journal OfEpidemiology* 2007: 165 418-424.

Lawlor D, Timpson N, Harbord R, Leary S, Ness A, McCarthy M, Frayling T, Hattersley A & Smith G Exploring the developmental overnutrition hypothesis using parental-offspring associations and FTO as an instrumental variable. PLoS Medicine 2008: 5 e33.

Lear S, Chen M, Frohlich J, Birmingham C. The relationship between waist circumference and metabolic risk factors: cohorts of European and Chinese descent. *Metabolism* 2002;51:1427-32.

Ledikwe J, Rolls B, Smiciklas-Wright H, Mitchell D, Ard J, Champagne C. Reductions in dietary energy density are associated with weight loss in overweight and obese participants in the PREMIER trial. *Am J Clin Nutr.* 2007;85:1212-21.

Ledoux M, Lambert J, Reeder B, Després J. Correlation between cardiovascular disease risk factors and simple anthropometric measures. Grupo de Investigação dos Inquéritos Canadianos sobre a Saúde do Coração. *CMAJ* 1997;157:46S- 53S.

Lee K, Song Y, Sung J. Which obesity indicators are better predictors of metabolic risk? healthy

twin study. *Obesity* 2008;16:834-40.
Lehtinen S, Lehtimaki T, Sisto T. Apolipoprotein E polymorphism, serum lipids, myocardial infarction and severity of angiography verified coronary artery disease in men and women. *Atherosclerosis* 1995;114:83-91.
Lemas D, Yee S, Cacho N, Miller D, Cardel M, Gurka M, Janicke D, Shenkman E. Exploring the contribution of maternal antibiotics and breastfeeding to development of the infant microbiome and pediatric obesity. *Semin Fetal Neonatal Med.* 2016 Dec;21(6):406-409.
Lenzen H, Assmann G, Buchwalsky R. Association of apolipoprotein E polymorphism, low-density lipoprotein cholesterol, and coronary artery disease. *Clin Chem* 1986;32:778-81.
Li C, Kaur H, Choi W, Huang T, Lee R & Ahluwalia J Additive interactions of maternal prepregnancy BMI and breast-feeding on childhood overweight (Interações aditivas do IMC materno antes da gravidez e da amamentação no excesso de peso infantil). *Obesity Research* 2005: 13 362-371.
Licata G, Volpe M, Scaglione R, Rubattu S. Hormonas reguladoras do sal em jovens obesos normotensos: efeitos da carga salina. *Hypertension* 1994;23(Suppl 1):I20-4.
Lin B, Guthrie J, Frazao E. Agriculture Information Bulletin No 750. 1999. Contributo dos nutrientes da alimentação fora de casa: Os hábitos alimentares da América: Changes and consequences. *Relatório do Serviço de Investigação Económica*; pp. 213-39.
Lin J, Chiou W, Chang H, Liu F, Weng H. Serum uric acid and leptin levels in metabolic syndrome: a quandary over the role of uric acid. *Metabolism* 2007;56:751-6.
Lin J, Chiou W, Weng H, Tsai Y, Liu T. Comparação da digitalização antropométrica tridimensional da superfície corporal com a relação cintura-quadril e o índice de massa corporal em correlação com factores de risco metabólico. *J Clin Epidemiol* 2002;55:757-66.
Ling J, Robbins L, Wen F. Intervenções para prevenir e gerir o excesso de peso ou a obesidade em crianças em idade pré-escolar: A systematic review. *Int J Nurs Stud.* 2016 Jan;53:270-89.
Liu K, Chan Y, Chan W, Kong W, Kong M, Chan J. A medição ultra-sonográfica da espessura da gordura mesentérica está bem correlacionada com os factores de risco cardiovascular: comparação com a espessura da gordura subcutânea e pré-peritoneal, a ressonância magnética e os índices antropométricos. *Int. J. Obes. Relat. Metab. Disord.* 2003; 27(10):1267-73.
Llewellyn A, Simmonds M, Owen C, Woolacott N. Obesidade infantil como preditor de morbidade na idade adulta: uma revisão sistemática e meta-análise. *Obes Rev.* 2016 Jan;17(1):56-67.
Lobstein T, Baur L, Uauy R; Grupo de Trabalho Internacional para a Obesidade da IASO. Obesity in children and young people: a crisis in public health (Obesidade em crianças e jovens: uma crise de saúde pública). *Obes Rev* 2004, 5 (Suppl. 1), 4-104.
Loveman E, Al-Khudairy L, Johnson R, Robertson W, Colquitt J, Mead E, Ells L, Metzendorf M, Rees K. Intervenções somente dos pais para sobrepeso ou obesidade infantil em crianças de 5 a 11 anos. *Cochrane Database Syst Rev.* 2015 Dec 21;(12):CD012008.
Ludwig D, Peterson K, Gortmaker S. Relation between consumption of sugar- sweetened drinks and childhood obesity: a prospective, observational analysis (Relação entre o consumo de bebidas açucaradas e a obesidade infantil: uma análise prospetiva e observacional). *Lancet.* 2001;357:505-8.
Maatoug J, Msakni Z, Zammit N, Bhiri S, Harrabi I, Boughammoura L, Slama S, Larbi C, Ghannem H. Intervenção baseada na escola como componente de um programa comunitário abrangente para a prevenção do excesso de peso e da obesidade, Sousse, Tunísia, 2009-2014. *Prev Chronic Dis.* 2015 Sep 24;12:E160.
Maccoby E, Martin J. A socialização no contexto da família: interação entre pais e filhos. In: Mussen P, ed. *Manual de psicologia infantil.* New York: Wiley, 1983:1-101.
Mahley R, Rall S. Hiperlipoproteinemia de tipo III (disbetalipoproteinemia): o papel da apolipoproteína E no metabolismo normal e anormal das lipoproteínas. In: Scriver CR, Beaudet AL, Sly WS, et al, eds. The metabolic and molecular bases of inherited disease (As bases metabólicas e moleculares das doenças hereditárias). 7ª edição. Nova Iorque, NY: *McGraw-Hill, Inc,* 1995:1953-80.
Mahley R. Apolipoprotein E: cholesterol transport protein with expanding role in cell biology

(Apolipoproteína E: proteína de transporte de colesterol com papel em expansão na biologia celular). *Science* 1988;240:622-30.
Mameli C, Mazzantini S, Zuccotti G. Nutrition in the First 1000 Days: The Origin of Childhood Obesity. *Int J Environ Res Public Health.* 2016 Aug 23;13(9).
Mamun A, O'Callaghan M, Callaway L, Williams G, Najman J and Lawlor D Associations of gestational weight gain with offspring body mass index and blood pressure at 21 years of age: evidence from a birth cohort study. *Circulation* 2009: 119 1720-1727.
Mansour M, Nassef Y, Shady M, Aziz A, Malt H. Síndrome Metabólica e Factores de Risco Cardiovascular em Adolescentes Obesos. Acesso aberto *Maced J Med Sci.* 2016 Mar 15;4(1):118-21.
Marais A, Solomon G, Blom D. Disbetalipoproteinemia: uma hiperlipidemia mista de lipoproteínas remanescentes devido a mutações na apolipoproteína E. *Crit Rev Clin Lab Sci.* 2014 Feb;51(1):46-62.
Marson EC, Delevatti RS, Prado AK, Netto N, Kruel LF. Efeitos do treinamento físico aeróbio, resistido e combinado sobre os marcadores de resistência à insulina em crianças e adolescentes com sobrepeso ou obesidade: Uma revisão sistemática e metanálise. *Prev Med.* 2016 Dec;93:211-218.
Martin A, Booth JN, Young D, Revie M, Boyter AC, Johnston B, Tomporowski PD, Reilly JJ. Associations between obesity and cognition in the pre-school years (Associações entre obesidade e cognição nos anos pré-escolares). *Obesity (Silver Spring).* 2016 Jan;24(1):207-14.
Martin-Calvo N, Moreno-Galarraga L, Martinez-Gonzalez M. Association between Body Mass Index, Waist-to-Height Ratio and Adiposity in Children: A Systematic Review and Meta-Analysis. *Nutrientes.* 2016 Aug 20;8(8).
Massabki L, Sewaybricker L, Nakamura K, Mendes R, Barros A, Antonio M, Zambon M. Cirurgia bariátrica: é razoável antes dos 16 anos? *Rev Col Bras Cir.* 2016 Set-Out;43(5):360-367.
Matsuzawa Y, Funahashi T, e Nakamura T.. Molecular mechanism of metabolic syndrome X: contribution of adipocytokines adipocyte-derived bioactive substances. *Ann. N.Y. Acad. Sci.* 1999: **892:** 146-154.
Maylia E, Fairclough J, Nokes L, Jones M. Can thigh girth be measured accurately? Uma investigação preliminar. *J Sport Rehabil* 1999;8:43-9.
McGill H, McMahan C, Herderick E, Zieske A, Malcom G, Tracy R. Obesity accelerates the progression of coronary atherosclerosis in young men. *Circulation.* 2002; 105:2712-2718.
McGovern L, Johnson J, Paulo R, Hettinger A, Singhal V, Kamath C. Clinical review: treatment of pediatric obesity: a systematic review and meta-analysis of randomized trials. *J Clin Endocrinol Metab.* 2008; 93(12):4600-5.
McGuffin L, Wallace J, McCrorie T, Price R, Pourshahidi L, Livingstone M. Family eating out-of-home: a review of nutrition and health policies. *Proc Nutr Soc.* 2013 Feb;72(1):126-39.
McIntyre & HAPO Study Cooperative Research Group Hyperglycaemia and Adverse Pregnancy Outcome (HAPO) Study. associações com o índice de massa corporal materno. *British Journal of Obstetrics and Gynaecology* 2010: 117 575-584.
McLaren L. Socioeconomic status and obesity (estatuto socioeconómico e obesidade). *Epidemiol Rev* 2007, 29:29-48.
McMorrow A, Connaughton R, Lithander F, Roche H. Desregulação do tecido adiposo e consequências metabólicas na obesidade infantil e adolescente: impacto potencial da qualidade da gordura na dieta. *Proc Nutr Soc.* 2015 Feb;74(1):67-82.
Mech P, Hooley M, Skouteris H, Williams J. Parent-related mechanisms underlying the social gradient of childhood overweight and obesity: a systematic review. *Child Care Health Dev.* 2016 Sep;42(5):603-24.
Mellati A, Mousavinasab S, Sokhanvar S, Kazemi S, Esmailli M, Dinmohamadi H. Correlação dos índices antropométricos com factores de risco cardiovascular comuns numa população adulta urbana do Irão: dados do Zanjan Healthy Heart Study. *Asia Pac J Clin Nutr* 2009;18:217-25.
Mendoza J, Zimmerman F, Christakis D. Television viewing, computer use, obesity, and adiposity in US preschool children. *Int J Behav Nutr Phys Act.* 2007;4:44.

Mesman I, Roseboom T, Bonsel G, Gemke R, van der Wal M e Vrijkotte T O índice de massa corporal da mãe antes da gravidez explica o peso e o IMC do bebé aos 14 meses: resultados de um estudo de coorte de nascimentos multiétnico. *Archives of Disease in Childhood* 2009: 94 587-595.

Messerli F, Ventura H, Reisin E, Dreslinski G, Dunn F, MacPhee A. Hipertensão limítrofe e obesidade: dois estados pré-hipertensivos com débito cardíaco elevado. *Circulation* 1982;66:55-60.

Mimoun E, Aggoun Y, Pousset M. 2008. Association of arterial stiffness and endothelial dysfunction with metabolic syndrome in obese children (Associação da rigidez arterial e da disfunção endotelial com a síndrome metabólica em crianças obesas). *J. Pediatr.* 153: 65- 70.

Minge C, Bennett B, Norman R & Robker R Peroxisome proliferator-activated recetor-g agonist rosiglitazone reverses the adverse effects of diet-induced obesity on oocyte quality. *Endocrinology* 2008: 149 2646-2656.

Mingrone G, Manco M, Mora M, Guidone C, Iaconelli A, Gniuli D, Leccesi L, Chiellini C & Ghirlanda G Influência da obesidade materna na sensibilidade e secreção de insulina na descendência. *Diabetes Care* 2008: 31 1872-1876.

Mingrone G, Manco M, Mora M, Guidone C, Iaconelli A, Gniuli D, Leccesi L, Chiellini C & Ghirlanda G Influência da obesidade materna na sensibilidade e secreção de insulina na descendência. *Diabetes Care* 2008: 31 1872-1876.

Moran A, Jacobs D, SteinbergerJ. Changes in insulin resistance and cardiovascular risk during adolescence: establishment of differential risk in males and females. *Circulation.* 2008: 117: 2361-2368.

Motter A, Vasconcelos F, Correa E, Andrade D. [Pontos de venda de alimentos e a associação com sobrepeso/obesidade em escolares de Florianópolis, Santa Catarina, Brasil]. *Cad Saude Publica.* 2015 Mar;31(3):620-32.

Mullender-Wijnsma M, Hartman E, de Greeff J, Bosker RJ, Doolaard S, Visscher C. Improving academic performance of school-age children by physical activity in the classroom (Melhorar o desempenho académico das crianças em idade escolar através da atividade física na sala de aula): 1-year program evaluation. *J Sch Health.* 2015 Jun;85(6):365-71.

Muñoz-Calvo M, Argente J. Distúrbios nutricionais e puberais. *Endocr Dev.* 2016;29:153-73.

Nadas J, Putz Z, Kolev G, Nagy S, Jermendy G. Intraobserver and interobserver variability of measuring waist circumference. *Med Sci Monit* 2008: 14:CR15- 18.

Nader P, O'Brien M, Houts R, Bradley R, Belsky J, Crosnoe R, Friedman S, Mei Z, Susman E; Instituto Nacional de Saúde Infantil e Desenvolvimento Humano Rede de Investigação sobre Cuidados na Primeira Infância. Identifying risk for obesity in early childhood (Identificar o risco de obesidade na primeira infância). *Pediatrics.* 2006 Sep;118(3):e594-601. Erratum in: *Pediatrics.* 2006 Nov;118 (5):2270.

Nasreddine L, Zeidan MN, Naja F, Hwalla N. Complementary feeding in the MENA region: practices and challenges (Alimentação complementar na região MENA: práticas e desafios). *Nutr Metab Cardiovasc Dis.* 2012 Oct;22(10):793-8.

Nemours Kids Health de Nemours. Alimentação saudável 2009. http://kidshealth.org/parent/nutrition_fit/nutrition/habits.html. Data de acesso, 14 de outubro de 2010

Nielsen L, Nielsen T, Holm J. The Impact of Familial Predisposition to Obesity and Cardiovascular Disease on Childhood Obesity (O Impacto da Predisposição Familiar para a Obesidade e Doenças Cardiovasculares na Obesidade Infantil). *Obes Facts.* 2015;8(5):319-28.

Nixon G, Thompson J, Han D, Becroft D, Clark P, Robinson E. Short sleep duration in middle childhood: risk factors and consequences. *Sleep.* 2008;31:71-8.

Ochoa A, Berge J. Home Environmental Influences on Childhood Obesity in the Latino Population (Influências do ambiente doméstico na obesidade infantil na população latina): A Decade Review of Literature. *J Immigr Minor Health.* 2016 Dec 22.

Ode K, Frohnert B, Nathan B. Identificação e tratamento de complicações metabólicas na obesidade pediátrica. *Rev. Endocr. Metab. Disord.* 2009-10: 167-188.

Ogden C, Carroll M, Flegal K. Índice de massa corporal elevado para a idade entre crianças e adolescentes dos EUA, 2003-2006. *JAMA* 2008; 299: 2401- 2405.

Oken E, Rifas-Shiman S, Field A, Frazier A & Gillman M Maternal gestational weight gain and offspring weight in adolescence. *Obstetrics and Gynecology* 2008: 112 999-1006.
Oken E, Taveras E, Kleinman K, Rich-Edwards J & Gillman M. Gestational weight gain and child adiposity at age 3 years. *American Journal of Obstetrics and Gynecology* 2007: 196 322-328.
Oliveira-Santos J, Santos R, Moreira C, Abreu S, Lopes L, Agostinis C, Mota J. Capacidade das Medidas de Adiposidade em Identificar Níveis Adversos de Marcadores Inflamatórios e Metabólicos em Adolescentes. *Child Obes.* 2016 Apr;12(2):135-43.
Panoulas V, Ahmad N, Fazal A, Kassamali R, Nightingale P, Kitas G. The interoperator variability in measuring waist circumference and its potential impact on the diagnosis of the metabolic syndrome. *Postgrad Med J* 84:344-7.
Paramsothy P, Knopp R, Bertoni A, Blumenthal R, Wasserman B, Tsai M, Rue T, Wong N, Heckbert S. Association of combinations of lipid parameters with carotid intima-media thickness and coronary artery calcium in the MESA (Multi-Ethnic Study of Atherosclerosis). *J Amer Coll Cardiol.* 2010; 56(13):1034-1041.
Parlier G, Thomas G, Bereziat G, Fontaine J, Girardet J. Relação entre o polimorfismo da apolipoproteína E e o metabolismo lipídico em crianças obesas. *Pediatr Res.* 1997 May;41(5):682-5.
Parrino C, Vinciguerra F, La Spina N, Romeo L, Tumminia A, Baratta R, Squatrito S, Vigneri R, Frittitta L. Influence of early-life and parental factors on childhood overweight and obesity. *J Endocrinol Invest.* 2016 Nov;39(11):1315-1321.
Parsons T, Power C, Logan S & Summerbell C Childhood predictors of adult obesity: a systematic review. *International Journal of Obesity and Related Metabolic Disorders* 1999: 23 (Suplemento 8) S1-S107.
Pearce J, Taylor M, Langley-Evans S. Timing of the introduction of complementary feeding and risk of childhood obesity: a systematic review. *Int J Obes (Lond).* 2013 maio 27.
Pela I, Modesti PA, Cocchi C, Cecioni I, Gensini GF, Bartolozzi G. Alterações na pressão arterial ambulatória de crianças obesas normotensas. *Pediatr Med Chir* 1990;12:495-7.
Pereira M, Kartashov A, Ebbeling C, Van Horn L, Slattery M, Jacobs D. Hábitos de fastfood, aumento de peso e resistência à insulina (o estudo CARDIA): 15-year prospective analysis. *Lancet.* 2005;365:36-42.
Perez-Pastor E, Metcalf B, Hosking J, Jeffery A, Voss L, Wilkin T. Assortative weight gain in mother-daughter and father-son pairs: an emerging source of childhood obesity. Estudo longitudinal de trios (EarlyBird 43). *Int J Obes (Lond).* 2009 Jul;33(7):727-35.
Perry A, Wang X, Kuo Y. Anthropometric correlates of metabolic syndrome components in a diverse sample of overweight/obese women (Correlatos antropométricos dos componentes da síndrome metabólica numa amostra diversa de mulheres com excesso de peso/obesas). *Ethn Dis* 2008;18:163-8.
Petersen J, Kyvik K, Heitmann B, Vámosi M. The association between parental separation during childhood and obesity in adulthood: a Danish twin study. *Obes Sci Pract.* 2016 Dec;2(4):436-443.
Pigeot I, Baranowski T, De Henauw S; Grupo de Estudo de Intervenção IDEFICS; Consórcio IDEFICS. O ensaio de intervenção IDEFICS para prevenir a obesidade infantil: desenho e métodos de estudo. *Obes Rev.* 2015 Dec;16 Suppl 2:4-15.
Pike K, Rodin J. Mothers, daughters, and disordered eating. *J Abnorm Psychol* 1991;100:198-204.
Poppitt S, Prentice A. Energy density and its role in the control of food intake: evidence from metabolic and community studies. *Appetite.* 1996;26:153-74.
Poskitt E. Childhood obesity in low- and middle-income countries (Obesidade infantil em países de baixo e médio rendimento). *Paediatr Int Child Health.* 2014 Nov;34(4):239-49.
Poyrazoglu S, Bas F, Darendeliler F. Metabolic syndrome in young people. *Curr Opin Endocrinol Diabetes Obes.* 2014 Feb;21(1):56-63.
Raine J, Donaldson M, Gregory J e Savge M. Obesity practical endocrinology and diabetes in children UK. *Blackwell Science.* 2001;11161-169.
Raj M, Kumar R. Obesity in children & adolescents (Obesidade em crianças e adolescentes). *Indian J Med Res.* 2010 Nov;132:598-607. Revisão.

Rajmil L, Bel J, Clofent R, Cabezas C, Castell C, Espallargues M. [Intervenções clínicas no excesso de peso e obesidade: uma revisão sistemática da literatura 20092014]. *An Pediatr (Barc).* 2016 Apr 23. pii: S1695-4033(16)30150-3.
Rall S, Weisgraber K, Mahley R. Human apolipoprotein E: the complete amino acid sequence (apolipoproteína E humana: a sequência completa de aminoácidos). *J Biol Chem* 1982;257: 4171-8.
Ray J, Klesges R. Influences on the eating behavior of children (Influências no comportamento alimentar das crianças). *Ann N Y Acad Sci.* 1993;699:57-69.
Reilly J, Armstrong J, Dorosty A, Emmett P, Ness A, Rogers I. Equipa do Estudo Longitudinal Avon de Pais e Filhos. Early life risk factors for obesity in childhood: cohort study (Factores de risco precoces para a obesidade na infância: estudo de coorte). *BMJ.* 2005;330:1357.
Reilly J, Armstrong J, Dorosty A, Emmett P, Ness A, Rogers I. Equipa do estudo Avon Longitudinal Study of Parents and Children. Early life risk factors for obesity in childhood: cohort study (Factores de risco precoces para a obesidade na infância: estudo de coorte). *BMJ.* 2005;330:1357.
Reynolds R, Shiell A, Osmond C, Phillips D & Godfrey K. Maternal influences on offspring obesity in young adulthood: effectsof BMI, parity and ganho de peso na gravidez. *Journal of Developmental Origins of Health and Disease* 1, 2009: (Suplemento S1) S61-S337. Resumo P-3B-83.
Rocchini A, Key J, Bondie D, Chico R, Moorehead C, Katch V. The effect of weight loss on the sensitivity of blood pressure to sodium in obese adolescents (O efeito da perda de peso na sensibilidade da pressão arterial ao sódio em adolescentes obesos). *N Engl J Med* 1989;321:580-5.
Roman-Viñas B, Chaput J, Katzmarzyk P, Fogelholm M, Lambert E, Maher C, Maia J, Olds T, Onywera V, Sarmiento O, Standage M, Tudor-Locke C, Tremblay M; Grupo de Investigação ISCOLE. Proporção de crianças que cumprem as recomendações para as diretrizes de movimento de 24 horas e associações com a adiposidade num estudo de 12 países. *Int J Behav Nutr Phys Act.* 2016 Nov 25;13(1):123.
Salazar-Martinez E, Allen B, Fernandez-Ortega C. Overweight and obesity status among adolescents from Mexico and Egypt. *Arch Med Res* 2006 37:535-42.
Salsberry P & Reagan P Dynamics of early childhood overweight (Dinâmica do excesso de peso na primeira infância). Pediatrics 2005: 116 1329-1338.
Schrempft S, van Jaarsveld C, Fisher A, Fildes A, Wardle J. Maternal characteristics associated with the obesogenic quality of the home environment in early childhood. *Appetite.* 2016 Dec 1;107:392-397.
Schumann B, Kluttig A, Tiller D, Werdan K, Haerting J, Greiser K. Association of childhood and adult socioeconomic indicators with cardiovascular risk factors and its modification by age: the CARLA Study 2002-2006. *BMC Saúde Pública.* 2011: 10 de maio;11:289.
Schwingshackl L, Hobl L, Hoffmann G. Effects of low glycaemic index/low glycaemic load vs. high glycaemic index/ high glycaemic load diets on overweight/obesity and associated risk factors in children and adolescents: a systematic review and meta-analysis. *Nutr J.* 2015 Aug 25;14:87.
Scott J, Knott T, Shaw D. Localização dos genes que codificam as apolipoproteínas CI, CII e E na região p13->cen do cromossoma humano 19. *Hum Genet* 1985;71:144-6.
Sebo P, Beer-Borst S, Haller D, Bovier P. Fiabilidade das medidas antropométricas dos médicos para detetar a obesidade. *Prev Med* 2008;47:389-93.
Seidell J, Oosterlee A, Deurenberg P, Hautavast J, Ruijs J. Depósitos de gordura abdominal medidos por tomografia computorizada: efeitos do grau de obesidade, sexo e idade. *Eur J Clin Nutr.*1988; 42:805-815.
Seo D, Sa J. A meta-analysis of obesity interventions among U.S. minority children (Uma meta-análise das intervenções sobre a obesidade nas crianças das minorias dos EUA). *J Adolesc Health.* 2010; 46(4):309-23.
Sewell M, Huston-Presley L, Super D & Catalano P O aumento da massa gorda neonatal, e não da massa magra, está associado à obesidade materna. *American Journal of Obstetrics and Gynecology* 2006: 195 1100-1103.

Sgambato M, Cunha D, Henriques V, Estima C, Souza B, Pereira R, Yokoo E, Paravidino V, Sichieri R. PAAPPAS community trial protocol: a randomized study of obesity prevention for adolescents combining school with household intervention. *BMC Saúde Pública.* 2016 Aug 17;16(1):809.
Shaalan A, Hassan N, El-Masry S. Evaluation of body composition of Egyptian Primary school children by bioelectrical impedence analysis and by anthropometry with special Refernce to diagnosis of obesity. *The Egyptian J of Anatomy*, 2002; 25:1-19.
Shah P, Misra A, Gupta N, Hazra D, Gupta R, Seth P, Agarwal A, Gupta A, Jain A, Kulshreshta A, Hazra N, Khanna P, Gangwar P, Bansal S, Tallikoti P, Mohan I, Bhargava R, Sharma R, Gulati S, Bharadwaj S, Pandey R, Goel K. Improvement in nutrition-related knowledge and behaviour of urban Asian Indian school children: findings from the 'Medical education for children/Adolescents for Realistic prevention of obesity and diabetes and for healthy aGeing' (MARG) intervention study. *Br J Nutr.* 2010 Aug;104(3):427-36.
Shen W, Punyanitya M, Chen J, Gallagher D, Albu J, Pi-Sunyer X, Lewis C, Grunfeld C, Heshka S, Heymsfield S. Waist circumference correlates with metabolic syndrome indicators better than percentage fat. *Obesity* 2006;14:727-36.
Sherafat-Kazemzadeh R, Yanovski S, Yanovski J. Pharmacotherapy for childhood obesity: present and future prospects. *Int J Obes (Lond).* 2013 Jan;37(1):1-15.
Siest G, Pillot T, Régis-Bailly A. Apolipoprotein E: an important gene and protein to follow in laboratory medicine. *Clin Chem* 1995;41:1068-86.
Simmonds M, Llewellyn A, Owen C, Woolacott N. Testes simples para o diagnóstico da obesidade infantil: uma revisão sistemática e meta-análise. *Obes Rev.* 2016 Dec;17(12):1301-1315.
Sinaiko R e Caprio S. Resistência à insulina. *J. Pediatr.* 2012: 161: 11-15.
Sing C, Moll P. Genetics of variability of CHD risk (Genética da variabilidade do risco de doença coronária). *Int J Epidemiol* 1989;18(suppl 1):S183-S195.
Singh A, Mulder C, Twisk J, van Mechelen W, Chinapaw M. Tracking of childhood overweight into adulthood: a systematic review of the literature, *Obes Rev.* 2008; 9: 474- 488.
Singhal V, Schwenk W, Kumar S. Evaluation and management of childhood and adolescent obesity (Avaliação e tratamento da obesidade infantil e adolescente). *Mayo Clin Proc.* 2007;/82(10):/ 1258_64.
Sinha R, Fisch G, Teague B. Prevalência de tolerância à glucose diminuída em crianças e adolescentes com obesidade acentuada.*N. Engl. J. Med.* 2002: 346: 802-810.
Smiciklas-Wright H, Mitchell D, Mickle S, Goldman J, Cook A. Foods commonly eaten in the United States, 1989-1991 and 1994-1996: are portion sizes changing? *J Am Diet Assoc.* 2003;103:41-7.
Smith N, McAuliffe F, Quinn K, Lonergan P & Evans A. Transient high glycaemic intake in the last trimester of pregnancy increases offspring birthweight and postnatal growth rate in sheep: a randomized control trial. *British Journal of Obstetrics and Gynaecology* 2009b 116 975-983.
Snowden C, Houlston R, Arif M. Disparidade entre os fenótipos e genótipos da apolipoproteína E (determinados por reação em cadeia da polimerase e sondas de oligonucleótidos) em doentes com diabetes mellitus não dependente de insulina. *Clin Chim Ata* 1991;196:49-58.
Soderberg G, Ballantyne B, Kestel L. Reliability of lower extremity girth measurements after anterior cruciate ligament reconstruction. *Physiother Res Int* 1996;1:7-16.
Solis-Herrera C, Triplitt C, Lynch J. Nefropatia em jovens e adultos jovens com diabetes tipo 2. *Curr Diab Rep.* 2014 Feb;14(2):456.
Sorensen T, Price R, Stunkard A, Schulsinger F. Genetics of obesity in adult adoptees and their biological siblings (Genética da obesidade em adultos adoptados e seus irmãos biológicos). *BMJ.* 1989; 298 (6666):87-90.
Sorensen T, Price R, Stunkard A, Schulsinger F. Genetics of obesity in adult adoptees and their biological siblings (Genética da obesidade em adultos adoptados e seus irmãos biológicos). *BMJ.* 1989; 298 (6666):87-90.
Sorenson T, Host C, Stunkard A. Childhood body mass index: genetic and familial environmental

influences assessed in a longitudinal adoption study. *Int J Obes Relat Metab Disord* 1992;16:705-14.
Sorof J, Lai D, Turner J. 2004. Overweight, ethnicity, and the prevalence of hypertension in school-aged children (Excesso de peso, etnia e prevalência de hipertensão em crianças em idade escolar). *Pediatrics* 113: 475-482.
Spear A, Barlow E, Ervin C, Ludwig S, Saelens E, Schetzina E. Recommendations for treatment of child and adolescent overweight and obesity (Recomendações para o tratamento do excesso de peso e da obesidade na criança e no adolescente). *Pediatrics*. 2007;120 Supp 4:S254-88
Spieker A, Pyzocha N. Economic Impact of Obesity (Impacto económico da obesidade). *Prim Care.* 2016 Mar;43(1):83- 95
Srinivasan R, Ehnholm C, Wattigney W. Apolipoprotein E polymorphism and its association with serum lipoprotein concentrations in black versus white children: the Bogalusa Heart Study. *Metabolism* 1993;42:381-6.
Srinivasan S, Myers L, Berenson G. Changes in metabolic syndrome variables since childhood in prehypertensive and hypertensive subjects: the Bogalusa Heart Study. *Hypertension* 2006;48:33-9.
Stea T, Haugen T, Berntsen S, Guttormsen V, 0verby N, Haraldstad K, Meland E, Abildsnes E. Using the Intervention Mapping protocol to develop a familybased intervention for improving lifestyle habits among overweight and obese children: study protocol for a quasi-experimental trial. *BMC Saúde Pública.* 2016 Oct 18;16(1):1092.
Steele K. Porque é que a cirurgia bariátrica para adolescentes não está a pegar? *JAMA Surg.* 2013 Apr;148(4):314-5.
Steinberger J, Daniels S. Obesity, insulin resistance, diabetes, and cardiovascular risk in children (Obesidade, resistência à insulina, diabetes e risco cardiovascular em crianças). *Circulation* 2003: 107, 1448-1453.
Steinberger J. Daniels S, Eckel R. Progress and challenges in Metabolic Syndrome in children and adolescents: a scientific statement from the AmericanHeart Association Atherosclerosis,Hypertension, and Obesity in the Young Committee of the Council on Cardiovascular Disease in the Young; Council on Cardiovascular Nursing; and Council on Nutrition, Physical Activity, and Metabolism. *Circulation* 2009: 119, 628-647.
Stengard J, Zerba K, Pekkanen J. Apolipoprotein E polymorphism predicts death from coronary heart disease in a longitudinal study of elderly Finnish men. *Circulation* 1995; 91:265-9.
Story M, Kaphingst K, French S. O papel das escolas na prevenção da obesidade. *Future Child* 2006: 16:109-142
Street S, Wells J, Hills A. Janelas de oportunidade para a atividade física na prevenção da obesidade. *Obes Rev.* 2015 Oct;16(10):857-70.
Strugnell C, Millar L, Churchill A, Jacka F, Bell C, Malakellis M, Swinburn B, Allender S. Healthy together Victoria and childhood obesity-a methodology for measuring changes in childhood obesity in response to a communitybased, whole of system cluster randomized control trial. *Arch Public Health.* 2016 Abr 25;74:16.
Studer J. Health Effects of Visceral Fat (Efeitos da gordura visceral na saúde). *outono* de 2007; 201-14.
Stuebe A, Forman M & Michels K. Maternal-recalled gestational weight gain, pre pregnancy body mass index, and obesity in the daughter. *International Journal of Obesity* 2009: 33 743-752.
Suzuki R, Watanabe S, Hirai Y, Akiyama K, Nishide T, Matsushima Y. Índice de gordura da parede abdominal, estimado por ultrassonografia, para avaliação da relação entre a gordura visceral e a gordura subcutânea no abdómen. *Am. J. Med.* 1993;95(3):309-14.
Sweeting H. Measurement and definitions of obesity in childhood and adolescence: Um guia de campo para os não iniciados. *Nutr J* 2007; 6: 32.
Syed S, Hingorjo M, Charania A, Qureshi M. Indicadores antropométricos e metabólicos em doentes hipertensos. *J Coll Physicians Surg Pak* 2009;19:421-7.
Tabas I, Williams K, Boren J. Retenção de lipoproteínas subendoteliais como processo inicial na aterosclerose: atualização e implicações terapêuticas. *Circulation.* 2007; 116:1832-44.
Tandon P, Tovar A, Jayasuriya A, Welker E, Schober D, Copeland K, Dev D, Murriel A, Amso

D, Ward D. The relationship between physical activity and diet and young children's cognitive development: Uma revisão sistemática. *Prev Med Rep.* 2016 Abr 22;3:379-90.

Tequeanes A, Gigante D, Assuncao M, Chica D & Horta B. A antropometria materna está associada ao índice de massa corporal e à relação cintura:altura da descendência aos 23 anos de idade. *Journal of Nutrition* 2009: 139 750-754.

Tirosh A. Shai I, Afek A. Adolescent BMI trajectory and risk of diabetes versus coronary disease. *N. Engl. J. Med.* 2011: 364- 1315-1325.

UNESDA Os nossos compromissos da UNESDA para atuar de forma responsável. http://www.unesda.org/our-unesda-commitmentsact-responsibly. Acedido em maio de 2011

Urrutia-Rojas X, Egbuchunam C, Bae S, Menchaca J, Bayona M, Rivers P. Pressão arterial elevada em crianças em idade escolar: prevalência e factores de risco. BMC *Pediatr* 2006;6:32.

Uterman G, Hees M, Steinmetz A. Polimorfismo da apolipoproteína E e ocorrência de disbetalipoproteinemia no homem. *Nature* 1977;269:604-7.

Valle-Leal J, Abundis-Castro L, Hernández-Escareño J, Flores-Rubio S. [O rácio cintura-estatura é um indicador de risco metabólico em crianças]. *Rev Chil Pediatr.* 2016 May-Jun;87(3):180-5.

van Ittersum K, Wansink B. As crianças preferem de facto grandes porções? As ilusões visuais enviesam as suas estimativas e ingestão. *J Am Diet Assoc.* 2007; 107:11071110.

van Vliet M, Heymans M, von Rosenstiel I, Brandjes D, Beijnen J, Diamant M. Cardiometabolic risk variables in overweight and obese children: a worldwide comparison. *Cardiovasc Diabetol.* 2011 Nov 24;10:106. doi: 10.1186/14752840-10-106.

Vanaelst B, Michels N, Clays E, Herrmann D, Huybrechts I, Sioen I, Vyncke K, De Henauw S. The association between childhood stress and body composition, and the role of stress-related lifestyle factors--cross-sectional findings from the baseline ChiBSD survey. *Int J Behav Med.* 2014 Apr;21(2):292-301.

Vats M, Mahboub B, Al Hariri H, Al Zaabi A, Vats D. Obesidade e distúrbios respiratórios relacionados com o sono no Médio Oriente e nos Emirados Árabes Unidos. *Can Respir J.* 2016:9673054.

Veldhuis J, Roemmich J, Richmond E. Endocrine control of body composition in infancy, childhood, and puberty (Controlo endócrino da composição corporal na infância e na puberdade). *Endocr Rev* 2005; 26: 114-46.

Viner R, Cole T. Television viewing in early childhood predicts adult body mass index. *J Pediatr.* 2005;147:429-35.

Voulgari C, Tentolouris N, Dilaveris P. Increased heart failure risk in normal weight people with metabolic syndrome compared with metabolically healthy obese individuals. *J. Am. Coll. Cardiol.* 2011-58: 1343-1350.

Wadden T, Crerand C, Brock J. Behavioral treatment of obesity (Tratamento comportamental da obesidade). *Psychiatr Clin North Am.* 2005;28:151-170, ix.

Wadden T, Foster G. Behavioral treatment of obesity (Tratamento comportamental da obesidade). *Med Clin North Am.* 2000;84:441- 461, vii.

Wang J, Thornton J, Bari S, Williamson B, Gallagher D, Heymsfield S. Comparações dos perímetros da cintura medidos em 4 locais. *Am J Clin Nutr* 2003 377:379-84.

Wang T, Larson M, Levy D, Benjamin E, Leip E, Wilson P. Impact of obesity on plasma natriuretic peptide levels. *Circulation* 2004;109:594-600.

Wang Y, Lobstein T. Worldwide trends in childhood overweight and obesity (Tendências mundiais do excesso de peso e da obesidade infantil). *Int J Pediatr Obes* 2006 1:11-25.

Wannamethee S, Shaper A, Morris R, Whincup P. Measures of adiposity in the identification of metabolic abnormalities in elderly men (Medidas de adiposidade na identificação de anomalias metabólicas em homens idosos). *Am J Clin Nutr* 2005;81:1313-21.

Wansink B, Just D, Payne C. Mindless eating and healthy heuristics for the irrational. *Am Econ Rev.* 2009;99:165-169.

Ward D, Welker E, Choate A, Henderson K, Lott M, Tovar A, Wilson A, Sallis J. Strength of

obesity prevention interventions in early care and education settings: A systematic review. *Prev Med.* 2016 Sep 28.
Wardle J, Sanderson S, Guthrie C, Rapoport L, Plomin R. Parental feeding style and the intergenerational transmission of obesity risk. *Obes Res* 2002;10:453- 462.
Weintraub M, Eisenberg S, Breslow J. Dietary fat clearance in normal subjects is regulated by genetic variation in apolipoprotein E. *J Clin Invest* 1987;80:1571-7.
Weisberg S, McCann D, Desai M. Obesity is associated with macrophage accumulation in adipose tissue (A obesidade está associada à acumulação de macrófagos no tecido adiposo). *J. Clin. Invest.* 2003-112: 1673-1808.
Weisgraber K, Rall S, Mahley R. Human E apoprotein heterogeneity: cysteinearginine interchanges in the amino acid sequence of the apo E isoforms. *Biol Chem* 1981;256:9077-83.
Weiss R, Bremer A, Lustig R. O que é a síndrome metabólica e porque é que as crianças a estão a adquirir? *Ann N Y Acad Sci.* 2013 Abr;1281:123-40.
Wells JC. The programming effects of early growth. *Early Hum. Dev.* 2007;83(12):743-8.
Whitaker R, Deeks C, Baughum A, Specker B. The relationship of childhood adiposity to parent body mass index and eating behavior (A relação da adiposidade infantil com o índice de massa corporal dos pais e o comportamento alimentar). *Obes Res* 2000;8:234-240.
Whitaker R. Predicting preschooler obesity at birth: the role of maternal obesity in early pregnancy (Previsão da obesidade do pré-escolar à nascença: o papel da obesidade materna no início da gravidez). *Pediatrics* 2004 114 e29-e36.
Gabinete Regional da OMS para o Mediterrâneo Oriental. O trabalho da OMS na região do Mediterrâneo Oriental. *Relatório Anual do Diretor Regional.* 2009; Cairo.
OMS/EMRO. Dados regionais sobre os factores de risco das doenças não transmissíveis. Organização Mundial de Saúde, Gabinete Regional do Mediterrâneo Oriental . *Não doenças transmissíveis.* 2010 http://www.emr.who.int.ncd
Wiegand S, Maikowski U, Blankenstein O. Type 2 diabetes and impaired glucose tolerance in European children and adolescents with obesity-a problem that is no longer restricted to minority groups. *Eur. J. Endocrinol. 2004-151*: 199206.
Wiegman A, Gidding S, Watts G, Chapman M, Ginsberg H, Cuchel M, Ose L, Averna M, Boileau C, Borén J, Bruckert E, Catapano A, Defesche J, Descamps O, Hegele R, Hovingh G, Humphries S, Kovanen P, Kuivenhoven J, Masana L, Nordestgaard B, Pajukanta P, Parhofer K, Raal F, Ray K, Santos R, Stalenhoef A, Steinhagen-Thiessen E, Stroes E, Taskinen M, Tybjærg-Hansen A, Wiklund O; Painel de Consenso da Sociedade Europeia de Aterosclerose. Hipercolesterolemia familiar em crianças e adolescentes: ganhar décadas de vida através da otimização da deteção e do tratamento. *Eur Heart J.* 2015 Sep 21;36(36):2425-37.
Williams D. Race, socioeconomic status, and health. Os efeitos adicionais do racismo e da discriminação. *Ann N Y Acad Sci* 1999; 896:173-88.
Wilson D, Abrams S, Aye T, Lee P, Lenders C, Lustig R. Metformin extended release treatment of adolescent obesity: a 48-week randomized, double-blind, placebo-controlled trial with 48-week follow-up. *Arch Pediatr Adolesc Med.* 2010; 164(2):116-23.
Winer J., Zern T, Taksali S. Adiponectin in childhood and adolescent obesity and its association with inflammatory markers and components of the metabolic syndrome. *J. Clin. Endocrinol. Metab.* 2006-91: 4415-4423.
Xu S, Xue Y. Obesidade pediátrica: Causas, sintomas, prevenção e tratamento. *Exp Ther Med.* 2016 Jan;11(1):15-20.
Yancey A, Fielding J, Flores G, Sallis J, McCarthy W, Breslow L. Creating a robust public health infrastructure for physical activity promotion. *Am J Prev Med.* 2007;32:68-78.
Yang Z, Huffman S. Nutrition in pregnancy and early childhood and associations with obesity in developing countries (Nutrição na gravidez e na primeira infância e associações com a obesidade nos países em desenvolvimento). *Matern Child Nutr.* 2013 Jan;9 Suppl 1:105-19.
Yoo EG. Rácio cintura/altura como ferramenta de rastreio da obesidade e do risco cardiometabólico. *Korean J Pediatr.* 2016 Nov;59(11):425-431.

Young L, Nestle M. The contribution of expanding portion sizes to the US obesity epidemic. *Am J Public Health.* 2002;92:246-9.

Zaki M, Mohamed S, Bahgat K, Kholoussi S. Metabolic syndrome components in obese Egyptian children. *Ann Saudi Med.* 2012 Nov-Dez;32(6):603-10.

Zhao X, Gang X, Liu Y, Sun C, Han Q, Wang G. Using Metabolomic Profiles as Biomarkers for Insulin Resistance in Childhood Obesity: Uma Revisão Sistemática. *J Diabetes Res.* 2016;2016:8160545.

Zhu S, Heshka S, Wang Z, Shen W, Allison D, Ross R, Heymsfield S. Combinação do IMC e do perímetro da cintura para identificar factores de risco cardiovascular em brancos. *Obes Res* 2004;12:633-45.

MIX
Papier aus verantwortungsvollen Quellen
Paper from responsible sources
FSC® C105338

Printed by Books on Demand GmbH, Norderstedt / Germany